电梯维护保养图解系列丛书

自动扶梯和自动人行道维护保养图解

四川省特种设备安全管理协会　编

中国劳动社会保障出版社

图书在版编目（CIP）数据

自动扶梯和自动人行道维护保养图解 / 四川省特种设备安全管理协会编 . -- 北京：中国劳动社会保障出版社，2019

（电梯维护保养图解系列丛书）

ISBN 978-7-5167-4265-5

Ⅰ. ①自… Ⅱ. ①四… Ⅲ. ①自动扶梯 - 保养 - 图解②自动人行道 - 保养 - 图解 Ⅳ. ①TH236-64②U412.37-64

中国版本图书馆 CIP 数据核字（2019）第 248887 号

中国劳动社会保障出版社出版发行

（北京市惠新东街 1 号 邮政编码：100029）

*

北京市艺辉印刷有限公司印刷装订 新华书店经销

787 毫米 × 1092 毫米 16 开本 4.75 印张 93 千字

2019 年 12 月第 1 版 2024 年 12 月第 4 次印刷

定价：28.00 元

营销中心电话：400-606-6496

出版社网址：http://www.class.com.cn

《自动扶梯和自动人行道维护保养图解》编写组

主　　编：王江海

副 主 编：刘　峰

编写人员：李佑锋　董云富　杨　鸿　颜光见　杨　敏（吉高）
　　　　　赵府元　彭兴平　颜婷婷　何琳琳　陈　薇

审　　稿：薛维家　张　科　孙德雄　赵　平

内容简介

根据《中华人民共和国特种设备安全法》《特种设备安全监察条例》的要求，电梯要进行定期维护保养，包括清洁、润滑、检查、降温、调整，更换失效的易损件，使电梯达到安全要求，保证电梯能够正常运行。

本书主要采用图片和表格的形式，讲述电梯维护保养的项目、流程、方法等内容，以直观的形式呈现机房、井道、设备等现场情景，使维护保养人员直观地了解作业项目，达到突出重点、规范流程的目的。

本书按照《电梯维护保养规则》（TSG T5002—2017）以及部分电梯生产单位的维护保养手册编写，适用于自动扶梯与自动人行道的维护保养。由于电梯规格的多样性，对于具体型号电梯的维护保养工作，应遵循生产单位的维护保养手册进行操作。

目录

绪论

第一节　自动扶梯和自动人行道概述

自动扶梯是带有循环运行的扶手和梯级（踏板），用于向上或向下运输乘客的固定电力驱动设备。

自动扶梯常用在人员密集的商场、车站、码头、机场、地铁、天桥、展览场馆等场所，分为普通型（轻载型）和公共交通型（重载型），基本参数包括名义速度、梯级（踏板）名义宽度、倾斜角度、提升高度、运载能力等。自动扶梯常见的倾斜角度有 30°、35°等，梯级（踏板）宽度有 600 mm、800 mm、1 000 mm 等几种规格。

自动人行道是带有循环运行的（板式或带式）的扶手和踏板，用于水平或倾斜角不大于 12°的条件下运输乘客的固定电力驱动设备，常用在机场、大型公共场所。

书中为了叙述方便，有时会将自动扶梯或自动人行道称作电梯。

1. 自动扶梯和自动人行道结构

自动扶梯和自动人行道由上部机房、下部机房（基坑）、运行中段三部分组成。其中上部机房通常有控制柜、驱动主机、主驱动链、非操纵防逆转保护装置、附加制动器、自动润滑装置等；运行中段包括桁架、扶手带及其驱动装置、梯级（踏板）链及其驱动装置、梯级（踏板）等；下部机房包括梯级（踏板）链回转装置及相关控制装置。

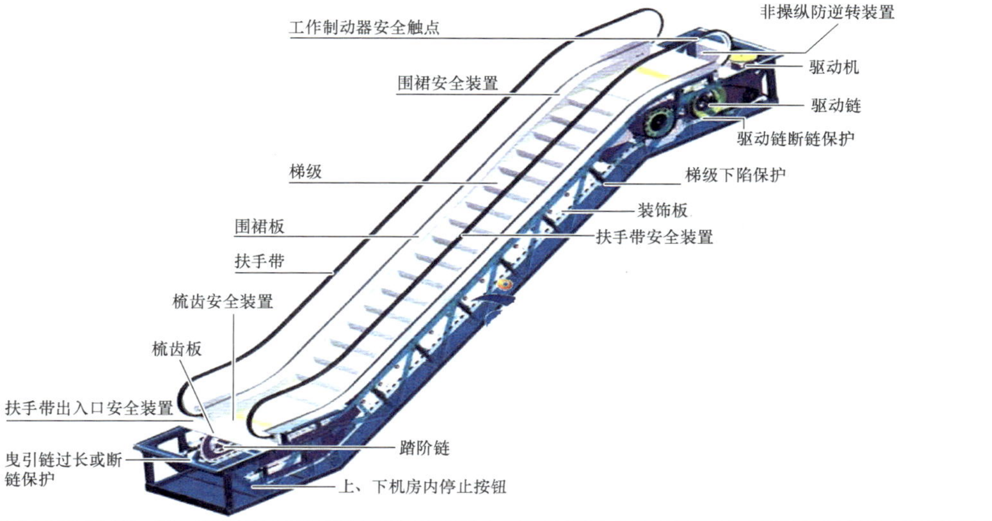

自动扶梯结构

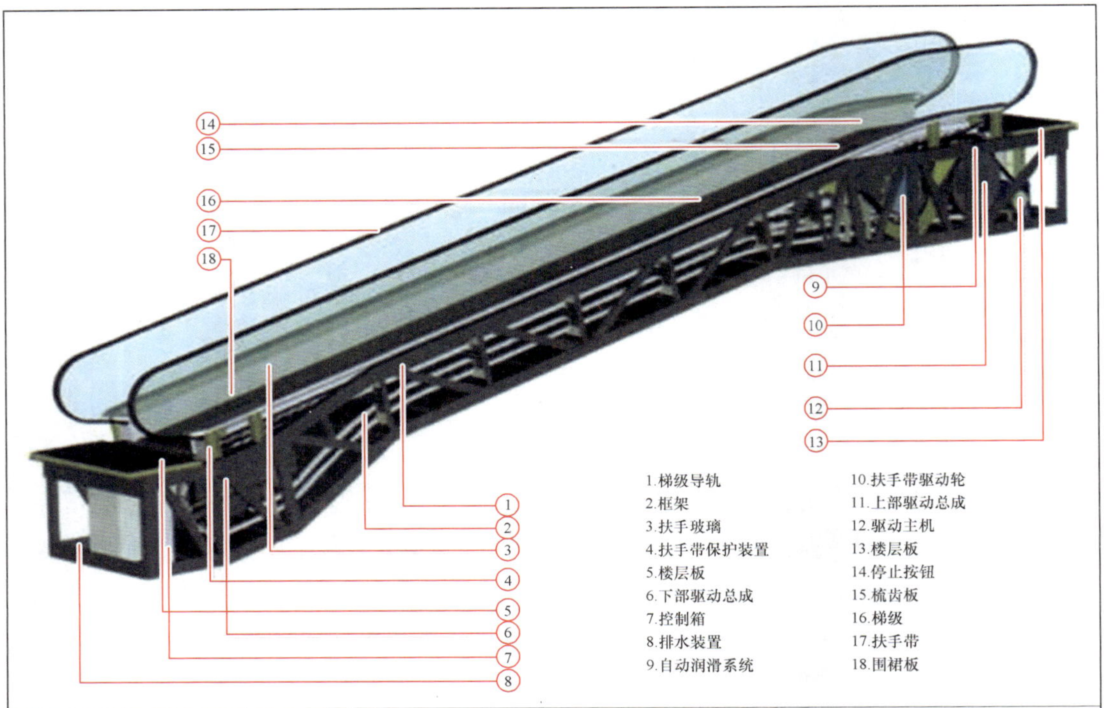

自动人行道结构

自动扶梯和自动人行道的机构、装置都安装在桁架上。桁架两端与建筑物进行连接，是组成自动扶梯和自动人行道的机构和装置的支撑，也是运送乘客或其他物体的支撑。

自动扶梯桁架

2. 自动扶梯和自动人行道安全保护装置

自动扶梯和自动人行道通常设置有各种机械的、电气的、机电联动的安全保护装置，以确保安全运行。例如在扶手带出入口设置出入口安全装置、在上下梳齿板的相关位置设置梳齿板安全装置、在紧急状态下使扶梯或自动人行道停止运行的急停装置、在转向站或倾斜段的相关位置设置围裙板保护装置、在驱动链处设置驱动链安全装置、防止梯级（踏板）的下陷导致危险而设置梯级下陷安全装置、梯级（踏板）缺失保护装置、超速保护装置、梯级链伸长或断裂保护装置、盖板安全装置等。还有为了防止使用者攀爬而设置防攀爬装置，防止碰撞挤压等设置防碰撞装置等。

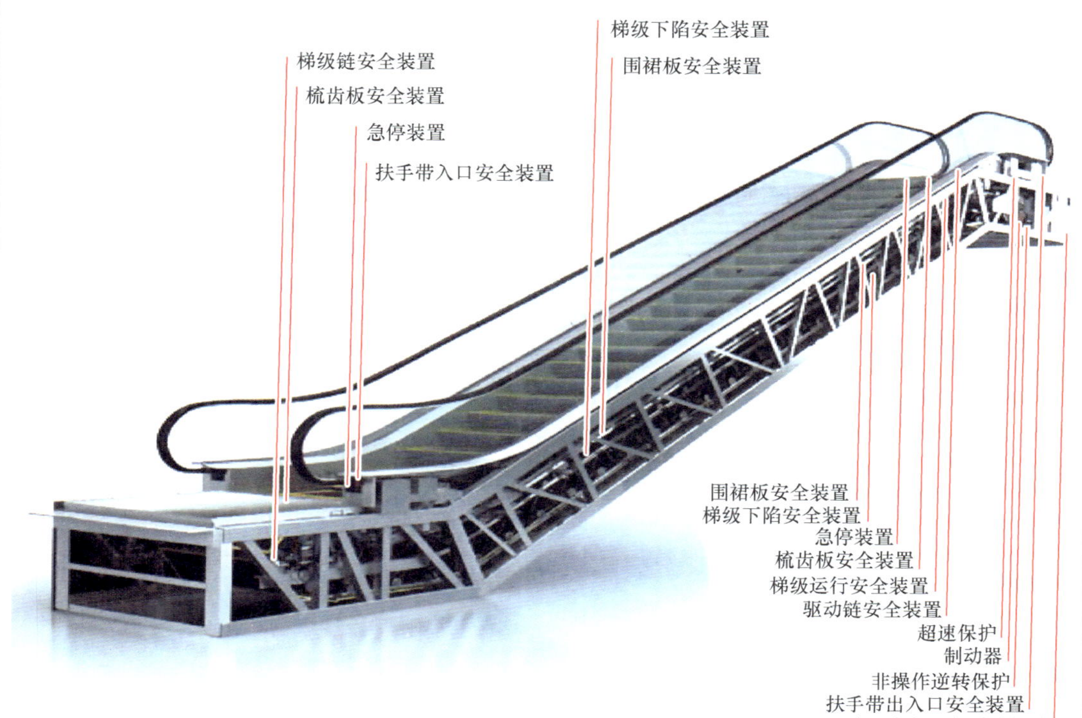

自动扶梯安全保护装置

自动扶梯和自动人行道的运行，是驱动主机在指令操纵下运转，通过驱动链将动力传输到梯级驱动系统和扶手带驱动装置，带动梯级和扶手带按规定的方向运行，以运载在梯级或踏板上的乘客。在扶梯运行过程中，安全保护装置起到监控运行状态的作用。安全保护装置动作，表明设备存在安全隐患，继续运行将产生危险。安全保护装置动作，将使设备停止运行，以避免发生危险事故。

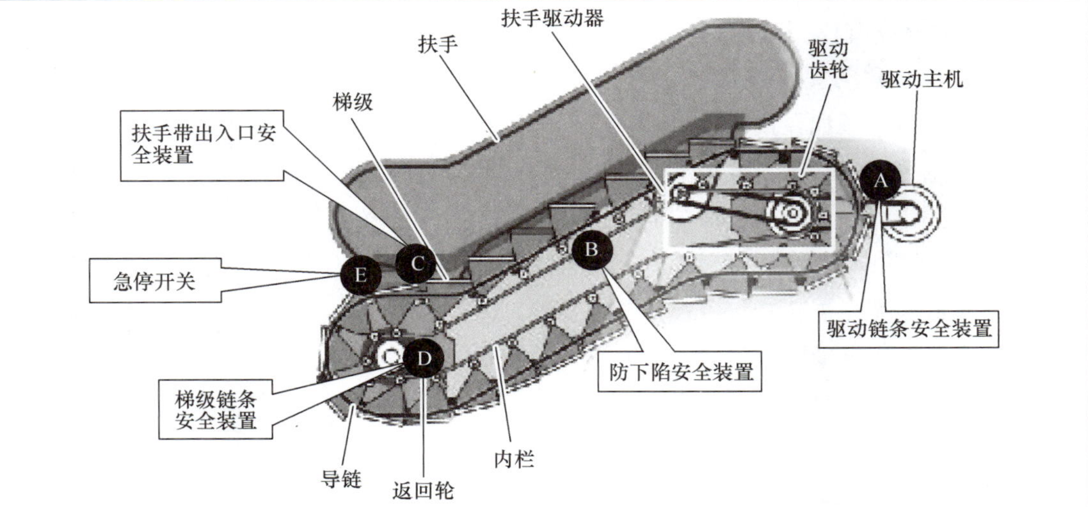

自动扶梯和自动人行道工作原理

3. 自动扶梯和自动人行道维护保养安全注意事项

（1）现场安全防护装置设置

自动扶梯和自动人行道现场安全防护装置设置包括上机房、下机房安全围栏设置。设置安全围栏时，应当对围栏的完整性、强度、文字说明、禁止标志等进行检查。在车站、地铁、商场等人员密集的场所，应当考虑设置强度较高的围栏，以防止非作业人员误入或越过围栏进入工作区域造成伤害。通常在上、下机房（基坑）设置有“禁止进入”标志的围栏，对自动扶梯或自动人行道的出入口进行全封闭。必要时，还应当在梯级前沿板上设置有“禁止通行”标志的警示牌，防止在检修工作中非作业人员进入发生危险。

上机房安全围栏设置

下机房（基坑）安全围栏设置

（2）上、下机房检查

进入上、下机房作业是维护保养工作的重要步骤。先检查出入口急停装置的有效性，然后使用专用工具开启机房盖板，并检查盖板安全装置的有效性，然后再开启其他盖板，检查盖板支撑装置或盖板间的互锁状况；完全开启盖板并妥善放置在安全位置后，将控制柜或检修箱等取出，检查电源情况。检查检修装置功能，测试检修手柄上的急停装置、上下行按钮和中间控制按钮及其功能。符合要求后才能进行下一步工作。

检查上、下出入口急停装置

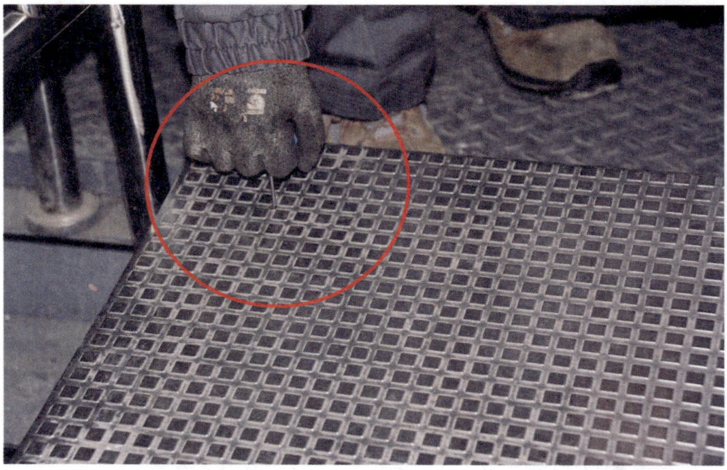

使用专用工具开启盖板

检查盖板安全装置

逐个开启盖板

提出控制柜

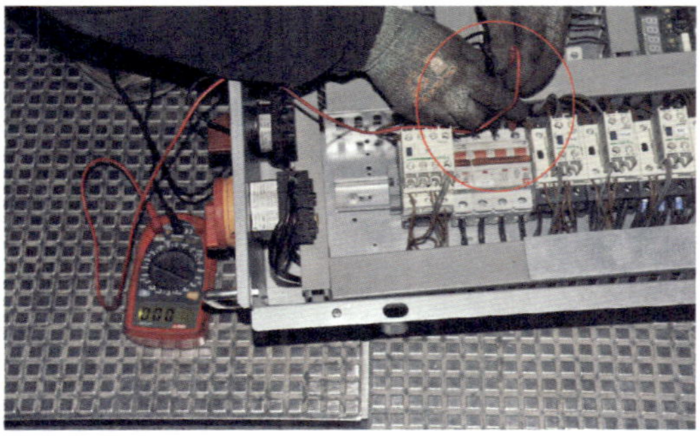

检查电源进线端

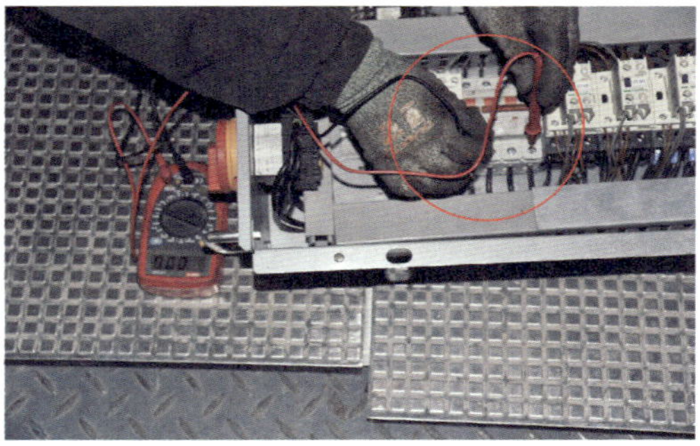

检查电源出线端

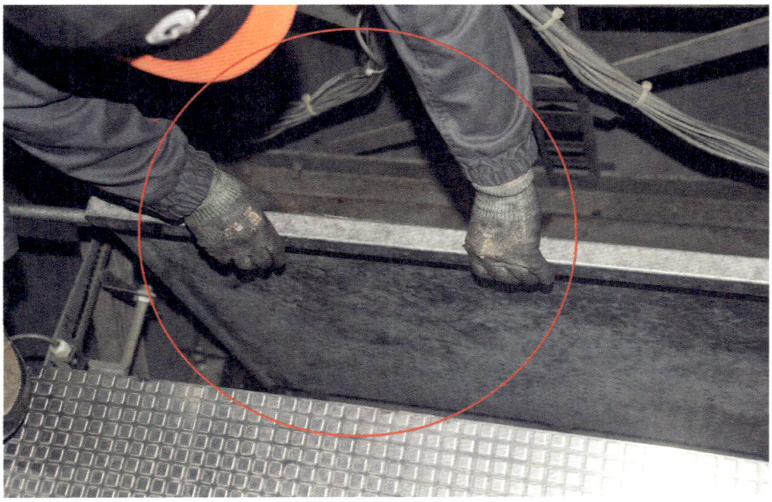

提出梯级护板

检查检修手柄连接线缆是否有破损、短路等状况；检查使用检修手柄
在整个检修区域是否能有效观测到检修工作情况

检查检修插口，应清洁，无油污、无尘土、无锈蚀

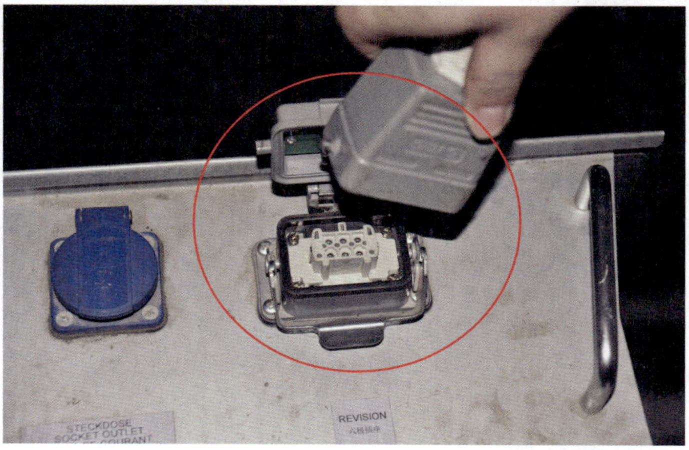

连接检修插头，并检查连接是否可靠，扣合好，应无松动

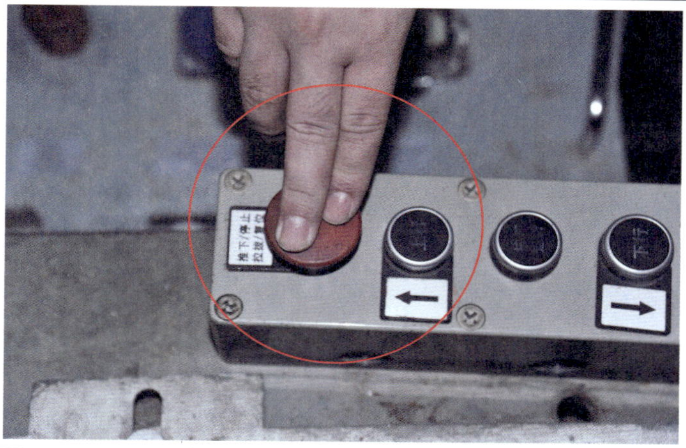

检查检修急停装置，动作应可靠。按下急停装置应不能启动电梯

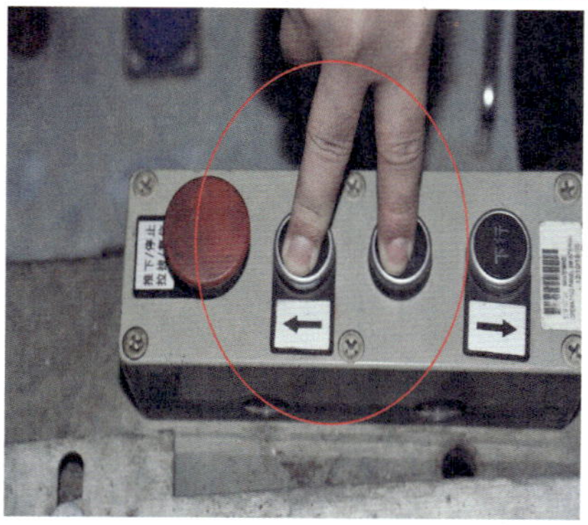

检查控制按钮和上行按钮

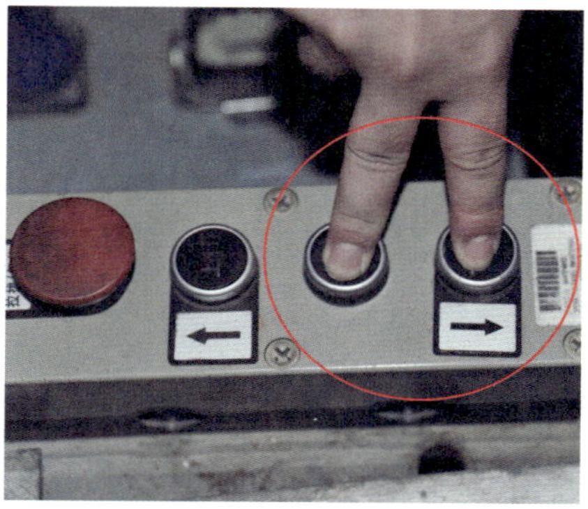

检查控制按钮和下行按钮

［注意］运行方向与指令操作一致，表明控制有效

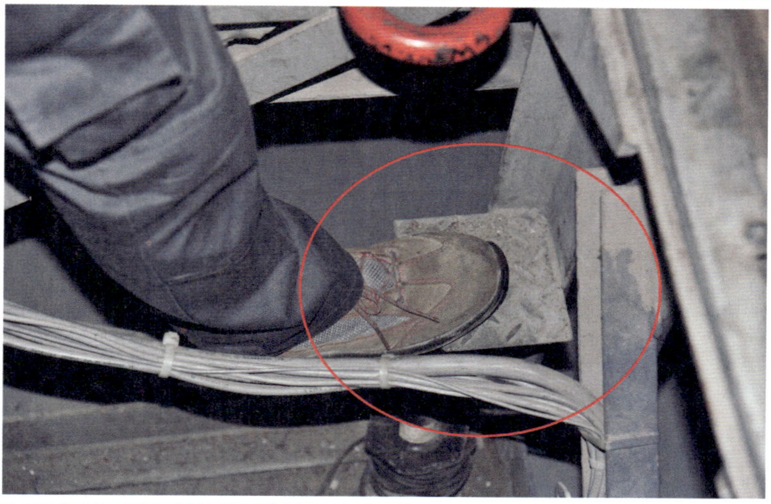

按下急停装置，通过踏板进入上、下机房（基坑），进行相应维护保养工作

（3）拆除梯级流程

对自动扶梯和自动人行道的梯路轨道、梯级链、梯级以及扶手带和驱动装置、张紧装置等的检查、润滑、调整，必须拆除一个甚至多个梯级进入桁架内部才能进行。

使用检修手柄操纵自动扶梯到达检修梯级或检修位置，测试检修急停开关有效后使用专用工具对梯级固定装置进行拆卸，在转向站处将梯级取出。

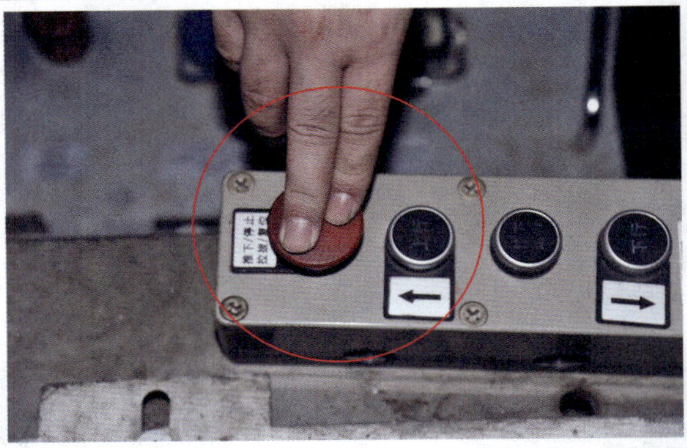

使用检修手柄操纵自动扶梯运行至梯级检修位置，按下急停装置

拆卸梯级横杆左边的固定装置

拆卸梯级横杆右边的固定装置

拆除左右固定塑套

将梯级取出，放置到安全区域

（4）进入桁架检修作业

进入桁架进行作业是危险性较高的作业环节，应当在工作人员监护的情况下进行。

在拆除必要的梯级后，通过检修手柄操纵电梯到达需要维护保养的工作区域，按下急停按钮验证其有效后方可进入桁架作业。

必要时断开主电源开关并上锁，保证电梯不被误动作。

在桁架内作业空间有限，应当特别注意操作安全，不要碰伤头、手和发生其他意外。

第二节　维护保养通用要求

1. 自动扶梯和自动人行道维护保养流程

维护保养单位应制定完善的维护保养管理流程，编制维护保养工艺文件，以实现维护保养管理标准化。

（1）合同洽谈：明确维护保养单位和电梯所有单位之间的职责、权利等内容。

（2）第三方配合：明确井道电话信号放大器安装、机房厅门孔洞封堵、底坑防水处理等需要第三方配合施工事项，制定第三方进入井道、机房施工安全责任书，明确第三方需要遵守的事项。

（3）政府监管：明确接受政府日常监管的内容、方式等。

（4）编制维护保养工艺文件：按照电梯生产厂家提供的资料编写维护保养工艺文件。

（5）工具配备：为维护保养人员配备工具、劳动防护用品，提供大型工具借用。

（6）现场维保：按照制定的标准流程和工艺文件进行施工。

（7）质量抽查：制定维护保养质量抽查制度，对工作进行评价，并不断改进。

（8）档案管理：建立一梯一档档案保存制度，急修、零部件更换记录终身保存，其他记录至少保存 4 年。

（9）应急措施：制定电梯维护保养应急措施和救援预案，每半年至少针对本单位维护保养的不同类别和梯型的设备进行一次应急演练；设立24小时值班电话，保证接到故障通知后及时予以排除；接到电梯困人报告后维护保养人员在规定时间内到达现场：直辖市或设区的市不超过30 min，其他地区不超过1 h。

（10）内部管理：电梯维护保养单位应加强内部管理，包括员工培训、质量监督、纪律检查等内容。

2. 维护保养现场管理

接手电梯维护保养工程需要及时与客户接洽，检查土建环境、核查电梯状况，做好前期准备工作，以确保维护保养工作能正常开展。基础条件不满足时，应以书面函件的形式要求客户及时协调，下列是每个施工现场应具备的最低要求：

（1）客户对接：查看合同，接触客户方的电梯安全管理员，明确双方职责。

（2）土建环境检查：通道顺畅、机房门窗锁具齐全、孔洞封堵完整，具备电梯安全运行条件。

（3)电梯状况核查：按照鉴定报告或维保记录单，逐项检查电梯各零部件功能，缺失、不正常的，书面反馈给相关方进行整改。

（4）成立维保小组：根据项目地点、数量、急修距离、客户驻点、政府属地化管理等因素，挑选合格的员工组成维保小组，配发工具。

（5）配备安全警示护栏：根据现场实际情况配备安全警示护栏，防止无关人员误入造成危险。

3. 现场维护保养实施

例行维护保养需要按照制度、流程、工艺要求逐项进行，完成后签字确认。下列是现场维护保养流程的基本要求：

（1）维护保养计划（一式两份），提前将维护保养计划（时间、梯号）提交给甲方，以便于甲方张贴告示。如果甲方不能停梯时，调整计划。

（2）向电梯管理员了解前段时间电梯运行状况、告知此次维护保养梯号及内容、需要配合事项、借用机房钥匙。

（3）对照维保工艺、维保记录单，按照机房、井道、底坑顺序逐一检查，并进行清洁、润滑、调整、紧固等作业。所有废弃的物料（包括液体）不得随意丢弃倾倒，必须按照相关法律法规的要求进行适当的处置。

（4）工作结束后，详细填写维护保养记录，包括调整、更换零部件等内容，交由甲方电梯管理员签字，归还机房钥匙，并向电梯管理员说明此次维护保养的内容和电梯状况。

4. 常用维护保养工具

常用维保工具根据实际需要进行配备。

工具名称	参考型号	外观	工具名称	参考型号	外观
铁锤			钳型电流表	VC6266	
毛刷	70 mm	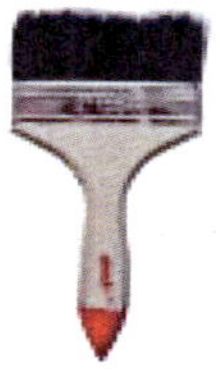	弹簧秤	150 N	
卷尺	5 m		钢直尺	150 mm	
尖嘴钳			线锤	5 m	
斜口钳			塞尺	0.1 ~ 2 mm	
手电筒			活口扳手		
梅花扳手	30 ~ 32 mm 16 ~ 18 mm		开口扳手	8 ~ 10 mm 13 ~ 16 mm 14 ~ 17 mm 17 ~ 19 mm	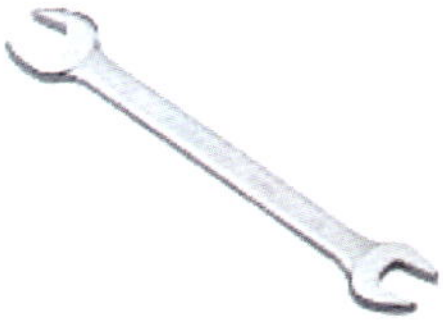

续表

工具名称	参考型号	外观	工具名称	参考型号	外观
（十字、一字）旋具	75 ～ 150 mm	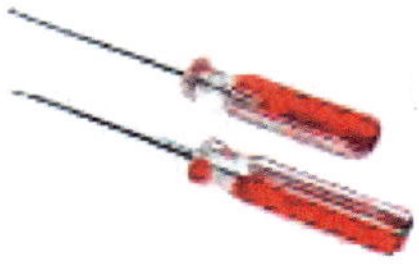	内六角扳手	3 ～ 10 mm	
机油枪	300 mL		黄油枪		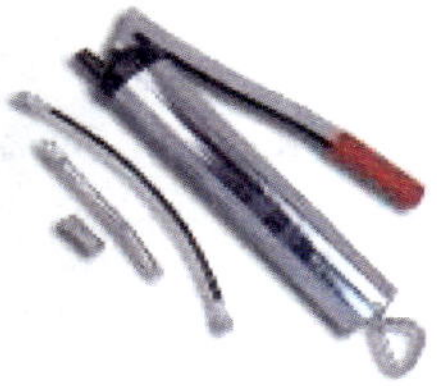

5. 常用危险标识和个人防护标识

危险标识		
危险	标识	
电击		当心触电
坠落		当心坠落
警告		注意安全
严禁进入		禁止入内
火警		当心火灾

续表

危险标识		
危险	标识	
腐蚀皮肤		当心腐蚀

个人防护标识		
物品	标识	
安全帽		必须戴安全帽
防护服		必须穿防护服
防护鞋		必须穿防护鞋
安全带		必须系安全带
防护手套		必须戴防护手套
防护眼镜		必须戴防护眼镜
护耳器		必须戴护耳器

6. 常见的伤害和危险源

在电梯维护保养过程中可能会发生伤害事故，了解可能的伤害事故和危险来源可以避免事故的发生。

维护保养过程中可能的伤害	危险源 / 预防措施	
缠绕（卷入）伤害： 触摸和接近旋转中的零部件，肢体、衣物等可能被卷入，造成伤害		运行时，保证防护罩完好 观察时，保持距离，工作服四紧（袖口和裤管紧、领口紧、袋口紧、衣襟紧），勿戴手套 维护保养时，断电挂牌上锁
撞击伤害： 维护保养过程中，肢体超出安全允许的范围与移动中的部件或相邻物体发生碰撞造成伤害		保持足够安全距离 不进入运动物体经过的区域
挤压伤害： 挤压伤害易发生于底坑或轿厢顶部，维护保养人员在底坑或者轿厢顶作业时，如果站立位置不当或者操作失误就有可能被轿厢及其附件等运动部件挤压造成伤害		不进入运动件经过的区域 不超出躲避空间 严禁快速运行电梯，不需要运行时及时关闭急停开关
绊倒危险： 在进出轿厢顶部、底坑等地方都存在绊倒危险		照明亮度要足够 仔细观察环境后再出入
电击危险： 不小心接触高压带电部件，如变频调速电梯控制柜内高压电容、380 V 电梯动力电源线等，会造成电击事故		保持护罩完整 保持安全距离 观察电源指示灯 穿戴绝缘手套、绝缘工作靴

第一章　上部机房维护保养

第一节　自动运行机构

1. 作用

当感应到有乘客乘坐时，扶梯或自动人行道立即开始启动并逐渐加速，直到按照额定速度运行；当没有任何乘客时，扶梯或自动人行道控制系统按设定的要求自动切换为慢速运行状态，节约电能消耗。

2. 结构

在扶梯的上下两个进出口位置安装有光电传感器、重力传感器、雷达传感器等。

3. 维护保养流程及标准要求

（1）外观检查

检查光电传感器、重力传感器、雷达传感器等表面是否完好，运行灯指示是否正常。

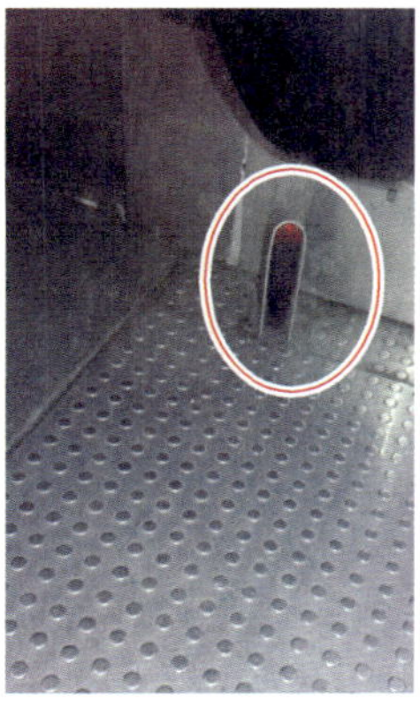

入口处传感器

入口以内传感器

入口以内传感器

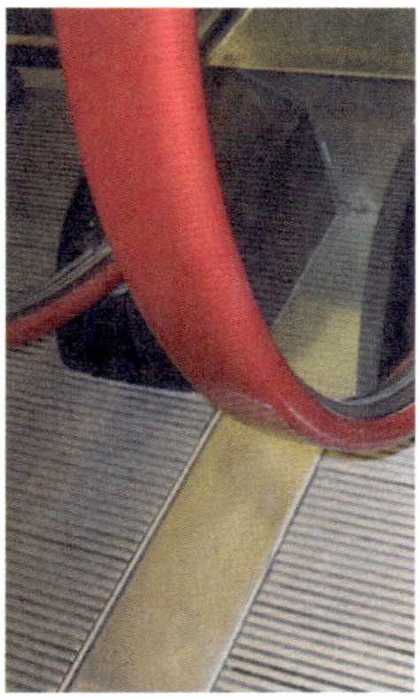

扶手带下传感器

常见的自动启动检测装置

（2）运行检查

在扶梯的上行、下行进出口位置测试自动运行功能是否正常。当红外光栅或雷达被触发，自动扶梯 / 自动人行道必须启动，围裙板光栅为二级启动。当自动扶梯 / 自动人行道在与预先设置的运行方向一致时运行，响应时间必须与预设时间一致。当自动扶梯 / 自动人行道在与预先设置的运行方向不一致时运行，应只运行 20 s

（3）调整

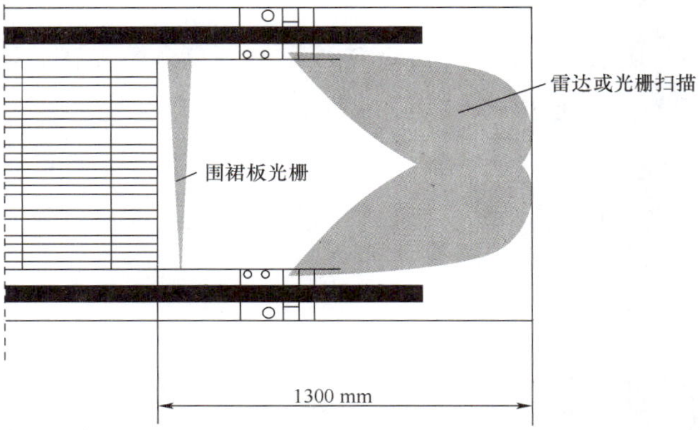

人一进入距离梳齿相交线 1 300 mm 处，光电传感器、重力传感器、雷达传感器等必须起作用，自动扶梯 / 自动人行道开始运行

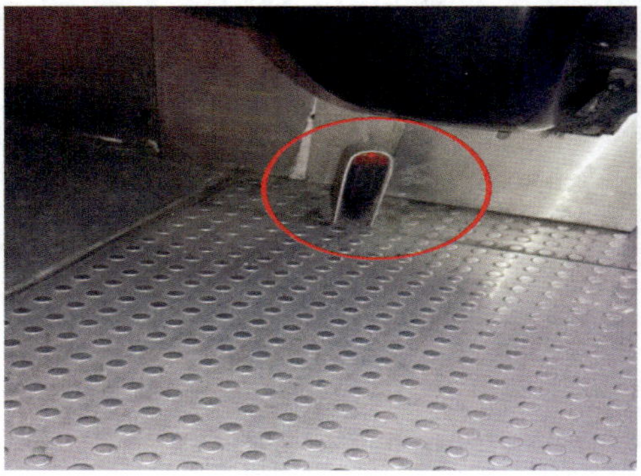

有人进入而自动运行不启动或当人离开后扶梯 / 自动人行道不能自动转成慢速或停止时，需要检查、调整红外光栅或雷达以及扫描的角度

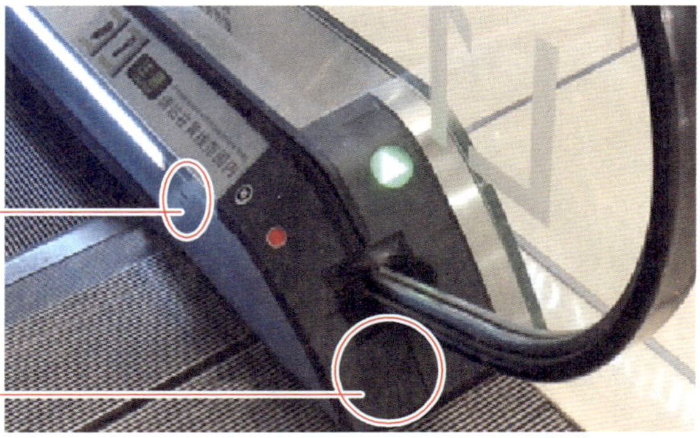

围裙板光栅检测调整

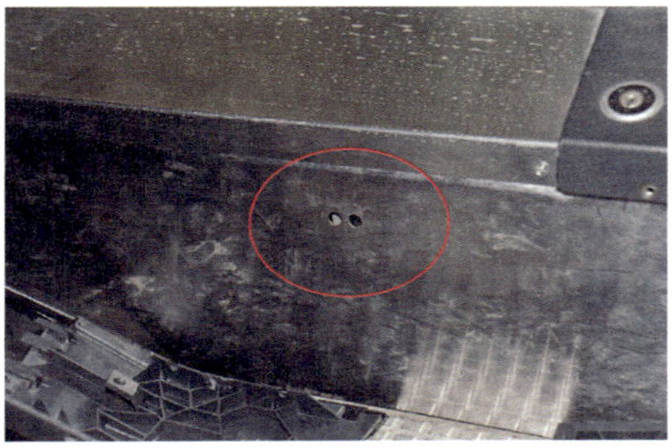

［案例］自动运行检测部件丢失

［案例］自动运行检测部件损坏

第二节　照　　明

照明系统起到美观、提醒和警示的作用。扶梯的照明有扶手带照明、梯级间隙照明、围裙板照明、梳齿照明和上下机舱检修照明等。

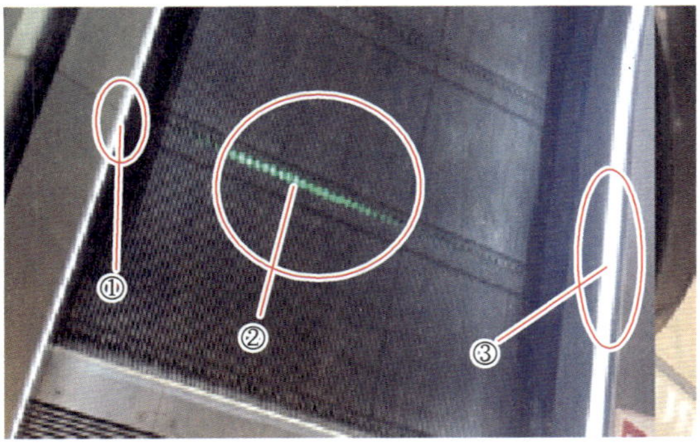

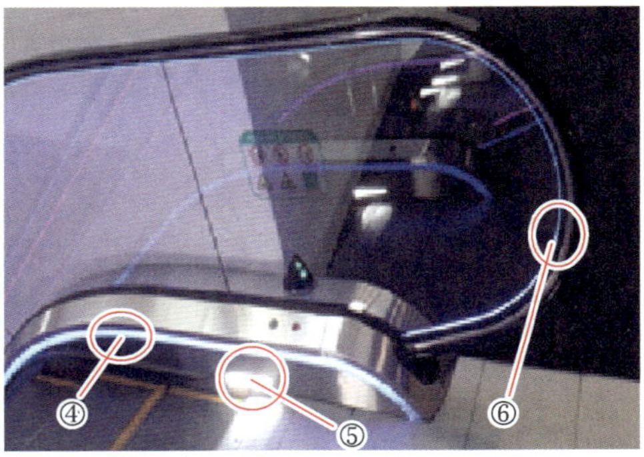

①③④围裙板照明，②梯级照明，⑤梳齿板照明，⑥扶手带照明

扶梯维护保养时，乘坐扶梯后看扶手带照明、梯级间隙照明、围裙板照明是否全部点亮，光线是否正常，上、下机舱检修照明的灯是否损坏。

第三节　盖板及其检测装置

盖板及其检测装置安装于驱动站和张紧站地面盖板下面。当地面盖板打开时，自动扶梯/自动人行道被自动关闭，在检修期间，这些自动关闭的触点被跨接，因此，自动扶梯/自动人行道可以运行。

盖板检测装置	盖板内侧检测装置

维护保养流程及标准要求：

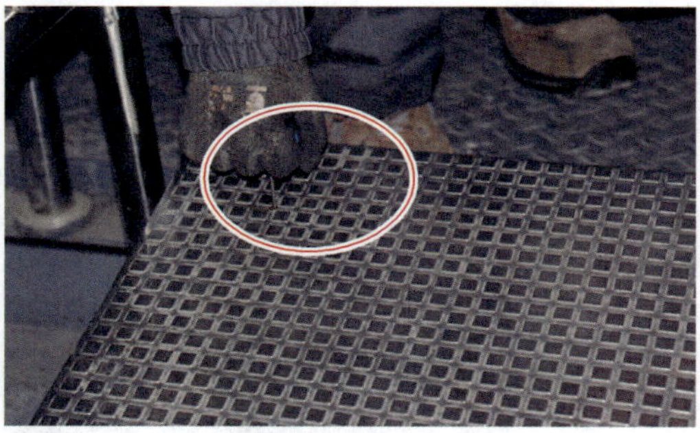	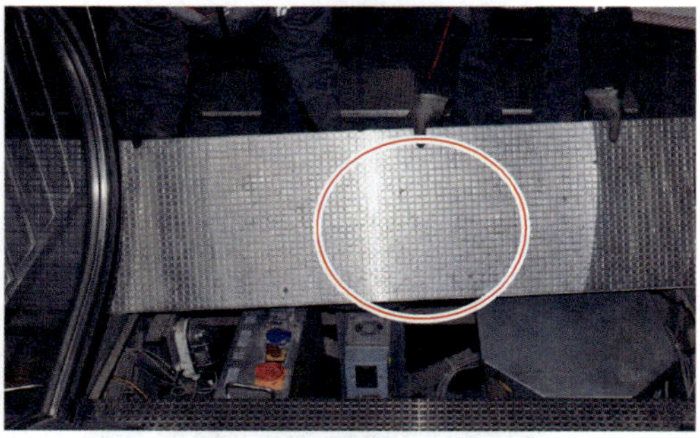
打开扶梯上机舱盖板，检查接线是否牢固，安装是否牢固，动作是否灵活可靠。检查开关状态，必要时进行调整	

第四节　上部机房

上部机房是自动扶梯/自动人行道金属结构内的上部驱动和转向站，这些机房只允许放置自动扶梯/自动人行道运行所必需的设备。

上部机房主要由驱动装置、控制系统、电源箱、变频器、润滑系统、梯级挡板等组成。

维护保养流程及标准要求：

1. 外观检查

机房内要求布线合理、干燥、无锈蚀，没有与自动扶梯 / 自动人行道无关的设备。

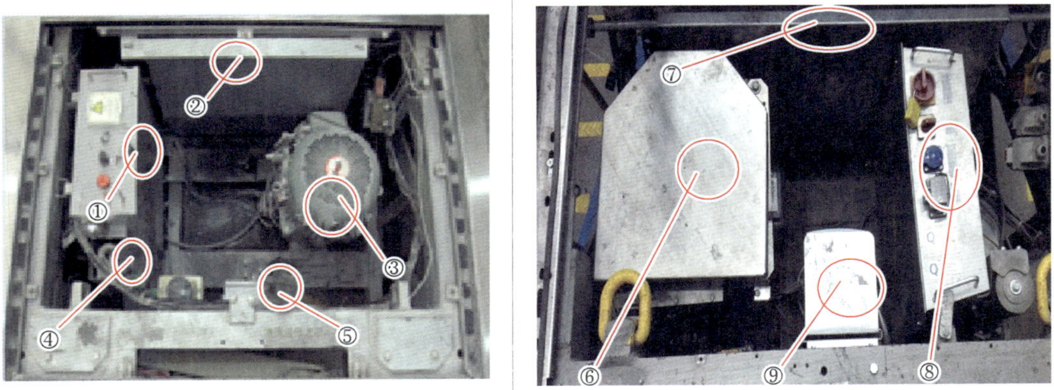

①⑧为控制柜，②⑦为挡板，③⑥为主机，④为制动电阻，⑤为接线箱，⑨为变频器

2. 运行检查

在机舱内除了设备运转的声音，应无其他明显的异响。

3. 清洁

用毛刷或抹布清洁机舱及各部件

第五节　驱 动 主 机

驱动主机是自动扶梯 / 自动人行道的动力机构由电机、减速箱、主轴、滚子链组成。动力由电机传到减速箱，主轴是由蜗杆通过双滚子链带动的。整个驱动装置装在桁架中，可以水平移动，以便张紧驱动链。张紧驱动链是靠转动张紧偏心轮或上紧张力螺钉来实现的。

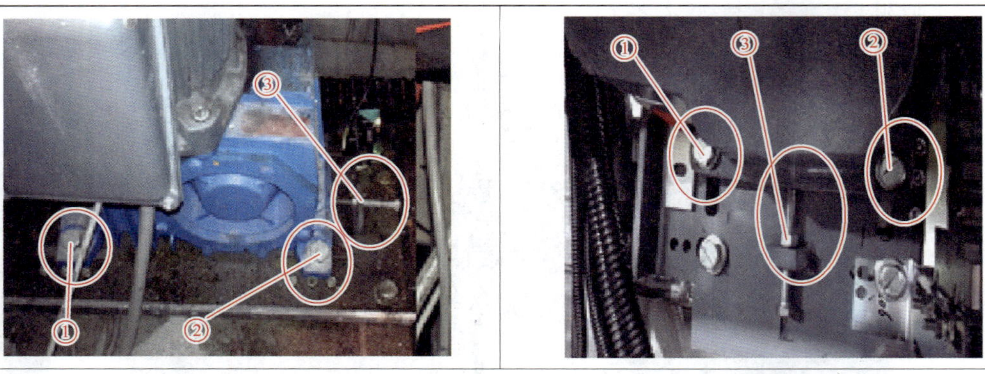

常见的齿轮箱固定形式：①②主机固定螺栓，③主机位置调整螺栓

维护保养流程及标准要求：

检查固定主机的螺栓是否符合制造厂的要求，螺栓紧固力是否符合制造厂的要求标准，必要时进行调整。

当主机的固定螺栓松动后，会引起主机的位移，严重时会引起主机的倾斜。

第六节　主驱动链及其保护装置

1. 主驱动链

驱动链一般是双排链，将驱动转矩传递到主轴上。驱动链被纵向张紧，通过张紧螺杆带动整个驱动装置。

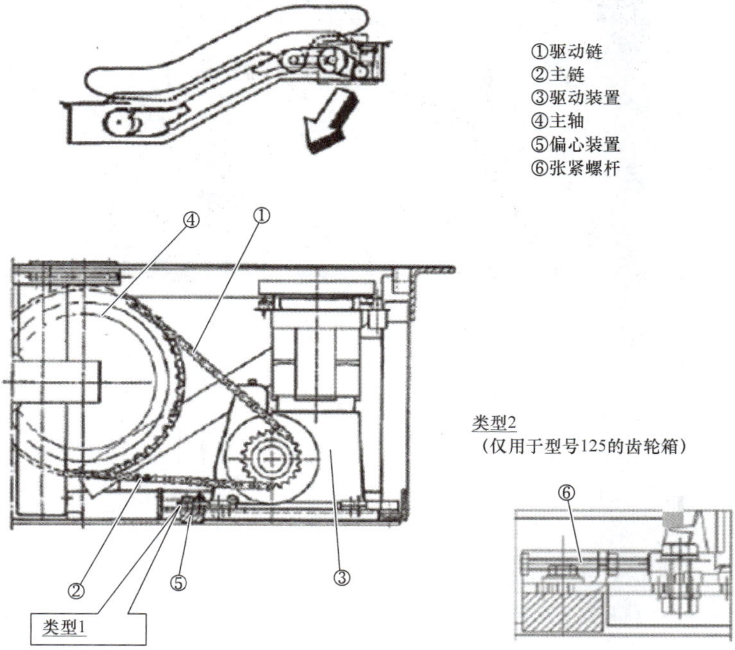

常见的主驱动链结构及张紧类型

维护保养流程及标准要求：

（1）外观检查

检查驱动链表面润滑是否符号要求，链条挠度是否明显增加。当链条的返回段挠度为 10 ~ 15 mm 时，链条张紧度达到最佳状态。当挠度超过 30 mm 时需要进行调整张紧。

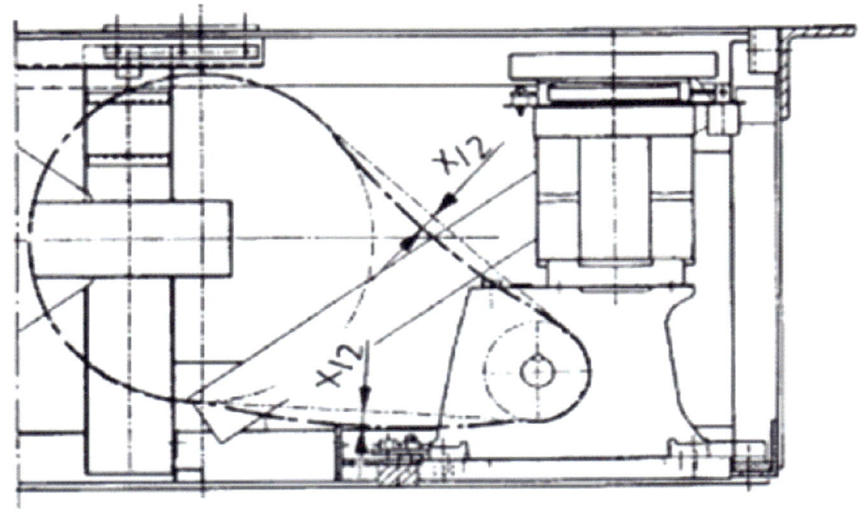

主机驱动链张紧状态

（2）主机驱动链调整

主机驱动链长度增长后，将主机的固定螺栓松开，调节此处的螺杆，使驱动链的张力符合制造厂的要求，最后紧固主机的固定螺栓和调节螺杆。

调整主机驱动链

2. 主机驱动链保护装置

当主机上的驱动链断裂或松弛超过允许值，坐靠在链条上的链条滑块和打杆倾斜。固定在打杆上的触发臂向前转动并触发触点，接着触点触发安全制动器，扶梯停止。

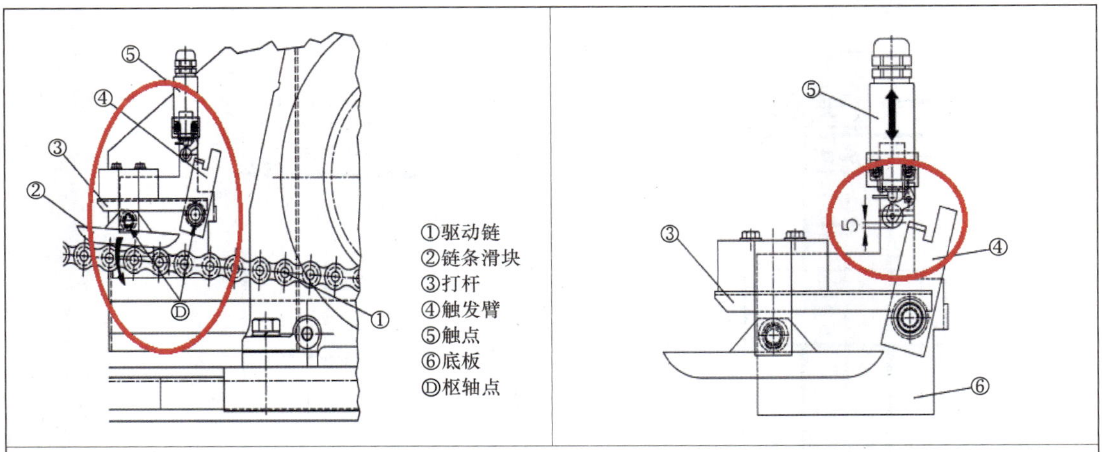

驱动链保护装置结构

驱动链断链检测装置的形式有光栅式和机械式。

光栅式断链检测装置

机械式断链检测装置

维护保养流程及标准要求：

（1）外观检查

检测开关的接线是否牢固，动作应灵活可靠。

（2）开关状态检查

链条滑块的最小高度为 13 mm，一旦链条滑块等于或小于 13 mm 时就必须更换。

（3）开关状态调整

随着打杆向下倾斜，触发臂会靠在底板的限位上，触发臂应压缩触点滚轮约 5 mm。

［案例］已损坏的主机驱动链断链检测开关

3. 主机润滑

主机润滑保证主机减速箱内蜗轮蜗杆的正常运转，减少蜗轮蜗杆的磨损。

维护保养流程及标准要求：

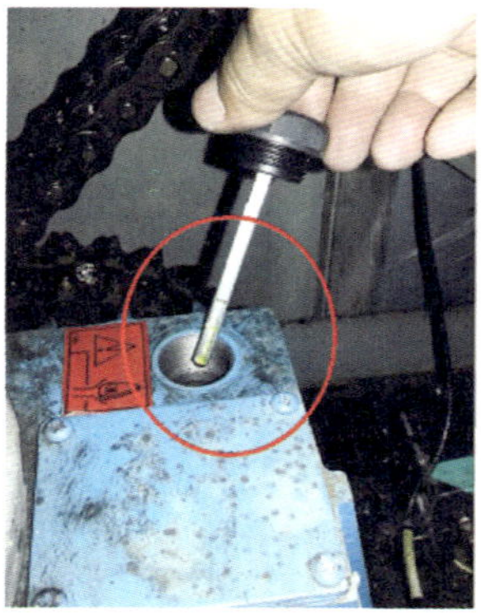

当自动扶梯 / 自动人行道停机时，用油杆测量油位，确保油位在油杆标尺的中间

第七节　梯　　级

梯级的踢面（铝合金本色）	梯级的踏面（带黄色的边框）

梯级是自动扶梯 / 自动人行道运送乘客的通道，是自动扶梯 / 自动人行道重要组成部分。梯级踢板和踏板表面的沟槽使相邻两梯级的边缘相互啮合，异物无法卡入，保证乘客安全。

梯级有整体式和组装式，两种一般由不锈钢或铝合金制成。

维护保养流程及标准要求：

1. 外观检查

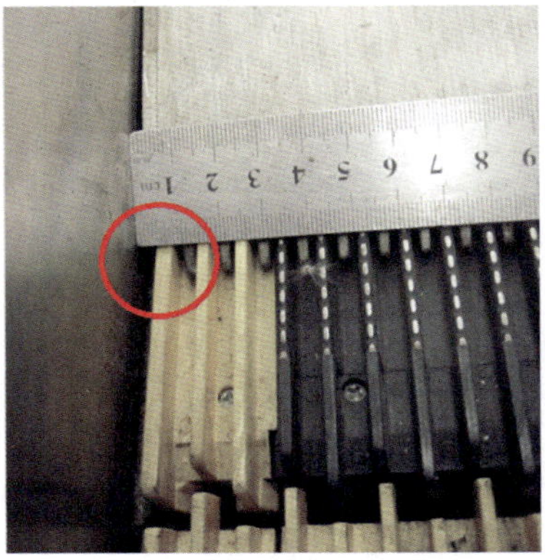

检测梯级与裙板之间的间隙（梯级与裙板间的间隙单边不大于 4 mm，双边之和不大于 7 mm）

检查梯级有无缺陷（裂纹、断裂、变形等），梯级与裙板间的间隙应符合要求。

2. 运行检查

检查扶梯运行时是否有异响，前后梯级的齿是否对齐。

检查梯级与梳齿板、梯级之间的对齐情况

3. 调整

（1）在梯级轴一侧标注梯级的位置，该记号将便于梯级的再次安装和调整。

（2）松开梯级轴两端的挡圈螺栓。

（3）通过梯级轴上做的标记，调整梯级使之位于两梯级链正中。

（4）将梯级运行至自动扶梯水平段。检查梯级是否与相邻未拆卸的梯级有很好的对中，检查梯级与裙板间的间隙单边不大于 4 mm，双边之和不大于 7 mm。如有必要，重新调整梯级与裙板间的间隙。

（5）将梯级返回，固定挡圈螺栓，检查梯级是否固定好，侧向应无游隙。

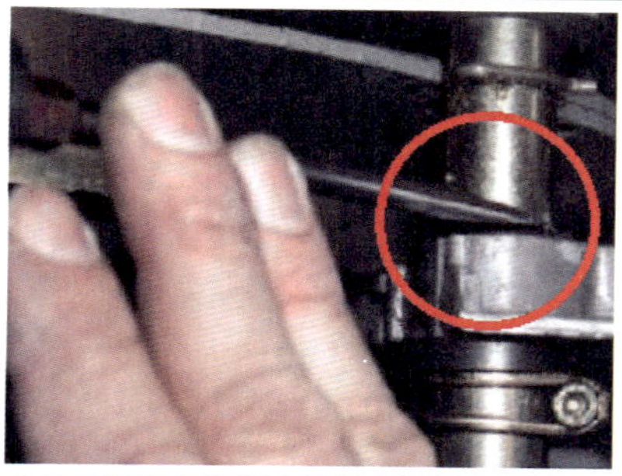	
用工具调整梯级挡圈螺栓	用手调整梯级挡圈螺栓
应无侧向游隙，以保证运行无振动、无异响	

4. 润滑

（1）梯级如有自动润滑系统，按生产厂的要求进行。

（2）梯级轴套的润滑，按厂家规定的周期在拆卸梯级时对梯级衬套内表面进行润滑。

（3）无自动润滑时，用一把刷子在与导向块接触的围裙板的滑动表面上涂上一层润薄薄的滑油。

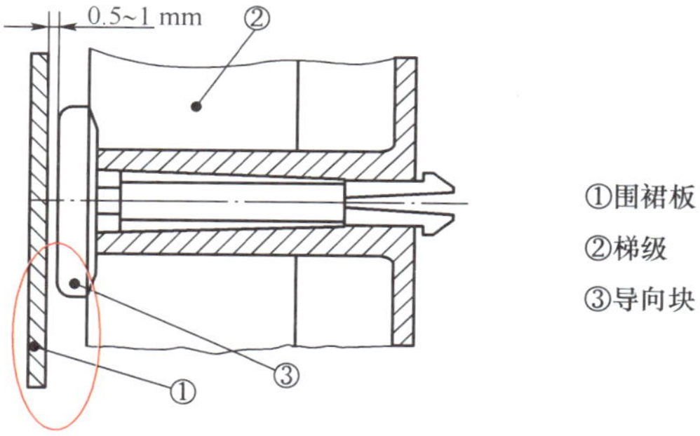

梯级导向块与围裙板滑动表面的间隙

［案例］更换踏面齿槽严重磨损、断裂、连续断齿的梯级

第八节 梳　　齿

梳齿用螺钉固定在梳齿板的前端，并且各自与梯级的线状表面相啮合。梯级两侧的梯级导向条确保了梯级对中进入梳齿并不产生碰撞。梳齿有工程塑料和铝合金两种。

维护保养流程及标准要求：

1. 外观检查

检查梳齿有无缺陷（裂纹、断裂、变形等）。

2. 运行检查

检查扶梯运行时是否有碰撞，梯级表面的槽与梳齿板的齿是否对齐。

3. 调整

（1）梳齿和梯级齿槽底面之间距离检查。梳齿和梯级齿槽底面之间距离应为 4 mm。

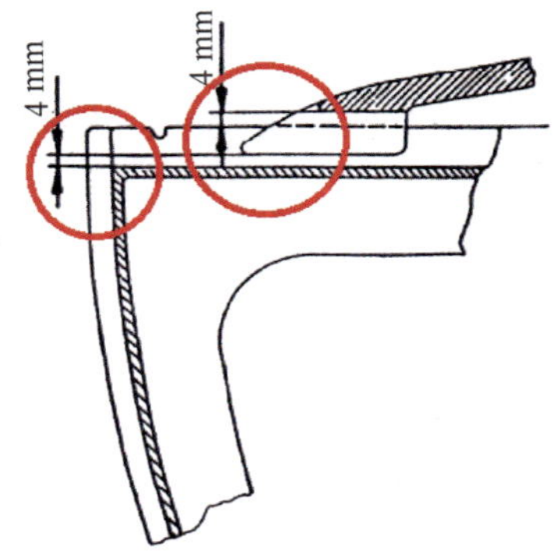

应用专用的楔形尺检测梳齿和梯级

（2）梳齿和梯级齿槽底面之间距离及梳齿和梯级齿槽中心距离必要时进行调整。

上下调整	左右调整

<table>
<tr><td>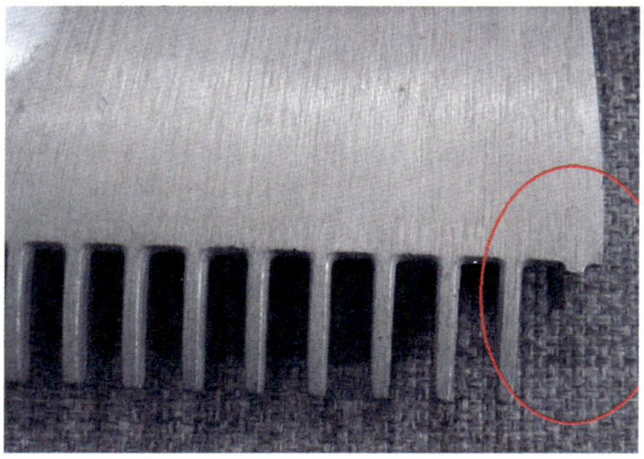</td><td>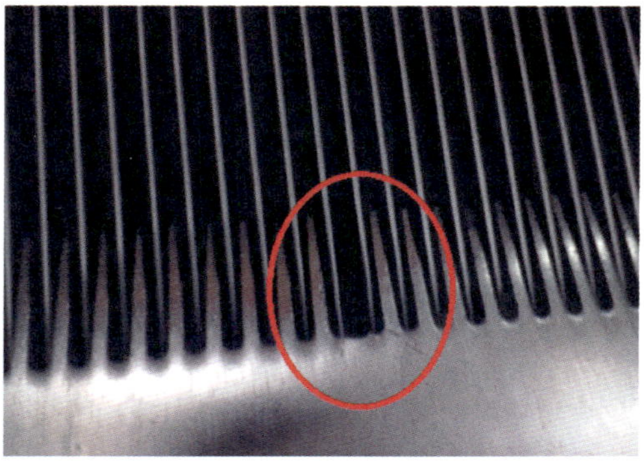</td></tr>
<tr><td>［案例］边侧的梳齿板断裂</td><td>［案例］中间的梳齿板断裂</td></tr>
</table>

第九节　主　电　源

主电源为整个自动扶梯 / 自动人行道进行供电，包含动力用电、照明用电、插座等，由带锁的电源箱、空气开关组成。

<table>
<tr><td></td><td>
</td><td></td></tr>
<tr><td>动力用电源开关</td><td>照明用电源开关</td><td>插座用电源开关</td></tr>
</table>

维护保养时现场检查其通断动作是否良好，接触是否可靠，接线是否牢实，是否清洁。

第十节　检修操作装置

检修操作装置用来在维修自动扶梯 / 自动人行道时手动控制自动扶梯 / 自动人行道的上行、下行，点动运行。

维护保养流程及标准要求：

1. 外观检查

检查线缆的长度配置是否合理；插头与插座是否相匹配，操作手柄及接线要求清洁、无油污及破损。

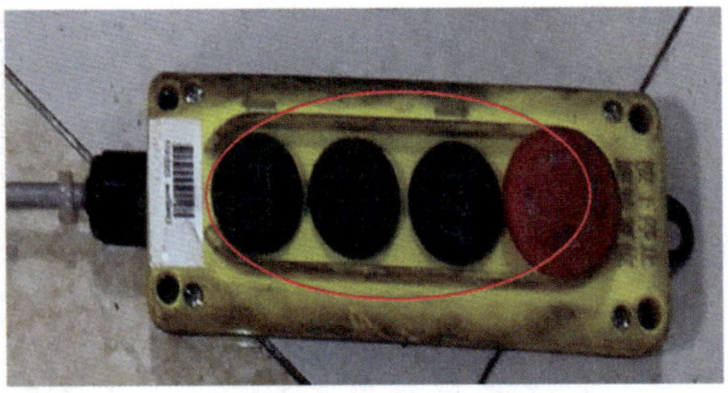
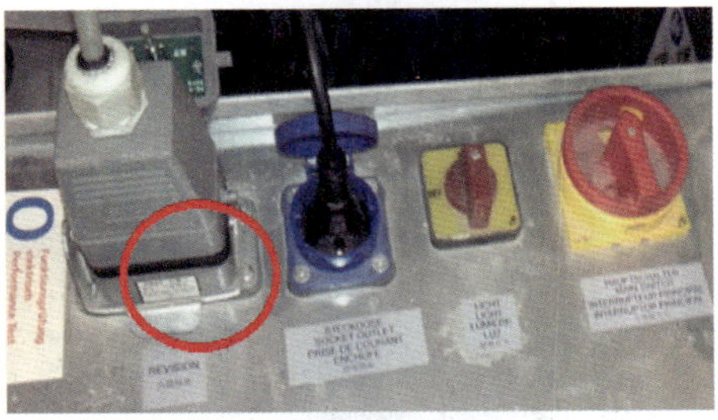

操作装置

2. 可靠性检查

检查线缆接线是否可靠，检修盒上的按钮接触是否可靠，按钮是否灵活、无卡阻。

第十一节 控 制 柜

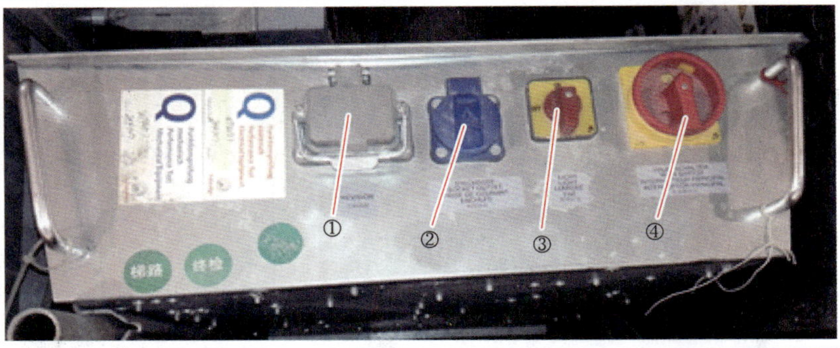

常见的控制柜

①检修插座 ②照明插座 ③照明开关 ④主电源开关

控制柜装有主接触器和控制接触器、控制继电器和信号继电器、控制主机板、PLC 等。

维护保养流程及标准要求：

1. 外观检查

检查控制柜上各开关、插座等的完好性。

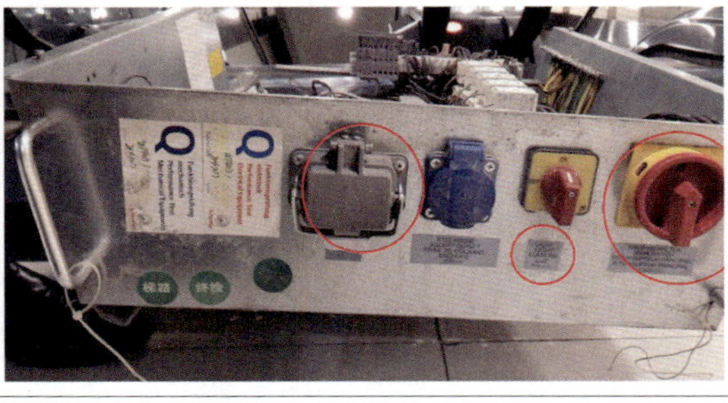
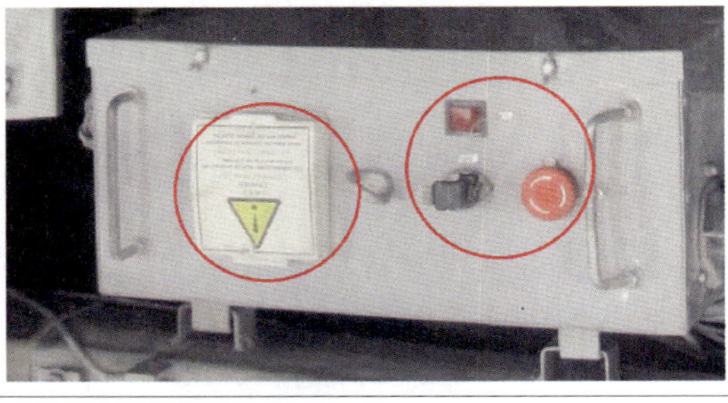

控制柜上的装置及其标志

2. 可靠性检查

控制柜固定必须可靠，断电后能上锁锁闭，移动的控制柜线缆应有保护措施。

3. 控制柜接线检查

可移动的控制柜线缆应有保护措施

断电后，检查接线应紧固可靠；绝缘阻值应满足规定

4. 清洁

断电后，用吸尘器、毛刷或棉丝等清洁控制柜。

［案例］控制柜接线混乱

第十二节　控　制　板

控制板是自动扶梯/自动人行道控制系统的核心部件，对自动扶梯/自动人行道运行状态、信号、指令等信息进行计算，向各执行系统发出指令，以控制自动扶梯/自动人行道的运行方向。

控制板一般由一块或两块分属不同功能的电路板组成，有的自动扶梯/自动人行道采用可编程控制器。

控制板

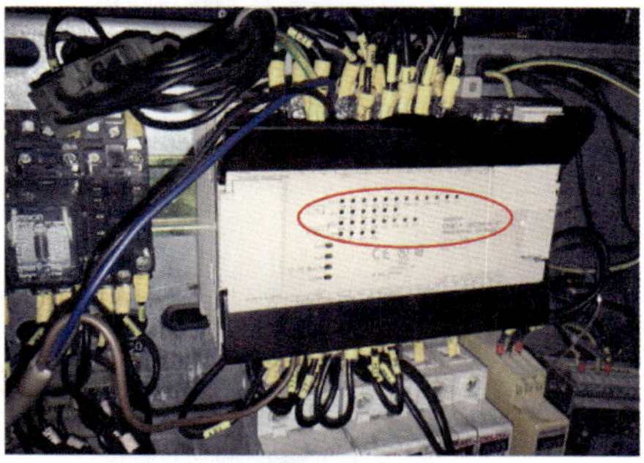

PLC

维护保养流程及标准要求：

1. 外观检查

对控制板上的电子元件和线路等进行外观检查。如电子元件无异常温升，集成电路表面无开裂、隆起，电解电容无漏液、顶部无鼓包，线路无明显虚焊或脱层，基板无局部变色，控制板表面无进水的痕迹等。

2. 运行状态确认

查看控制板上指示灯是否与扶梯当前状态一致，发现有异常应进行处理。查阅故障记录会使保养工作更有针对性。PLC 电池报警灯亮起时，应按电池更换程序及时对电池进行更换。

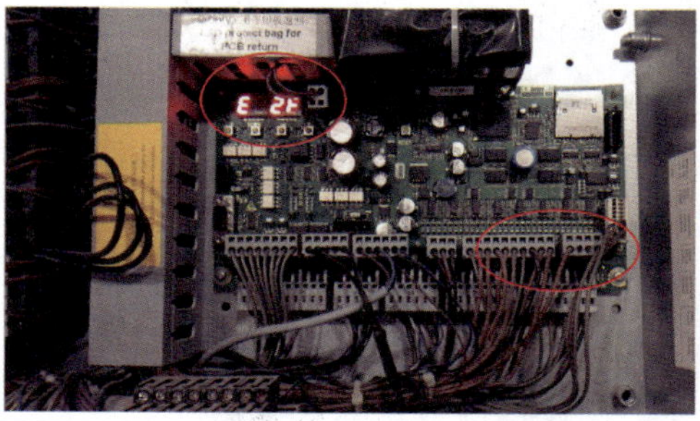

控制印板上指示灯应当与扶梯运行状态一致

3. 电压测量

对控制板的供电电压和其他需要测量的测量点进行电压测量。供电电压偏差过大或测量点电压异常时应查找原因，并进行相应处理。

4. 接线紧固检查

断电后，对主板上的插头、排线和接线端子、接地点等进行紧固。

5. 清洁

清洁前应消除手上的静电，断电后使用软毛刷或小型吸尘器对主板表面进行清洁、除尘。

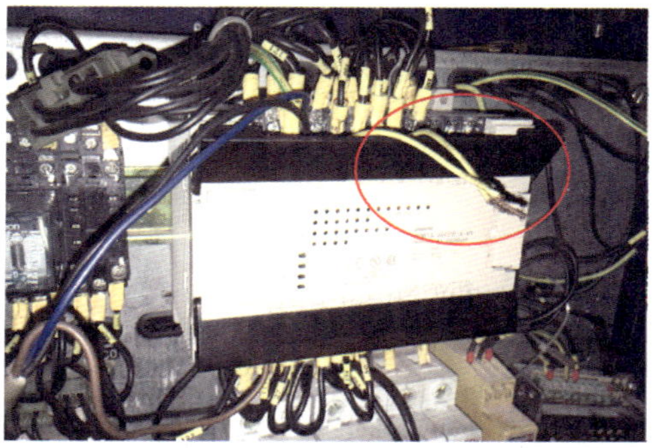

［案例］控制柜内接线未做保护

第十三节　接触器、继电器

接触器是用于远距离、频繁地接通和分断交流、直流主电路和大容量控制电路的电器，主要控制对象是电动机等电力负载。接触器分为交流接触器和直流接触器。

继电器的作用是信号检测、传递、转换或处置，它通断的电路电流较小，一般用在控制电路里，控制弱信号。继电器的工作原理与接触器类似，一般不区分主触头和辅助触头。

接触器和继电器

维护保养流程及标准要求：

1. 外观检查

继电器应标识清晰、螺栓牢固可靠，触点无氧化变色、弯曲、开裂、烧灼和过大的磨损等异常现象

2. 测量检查

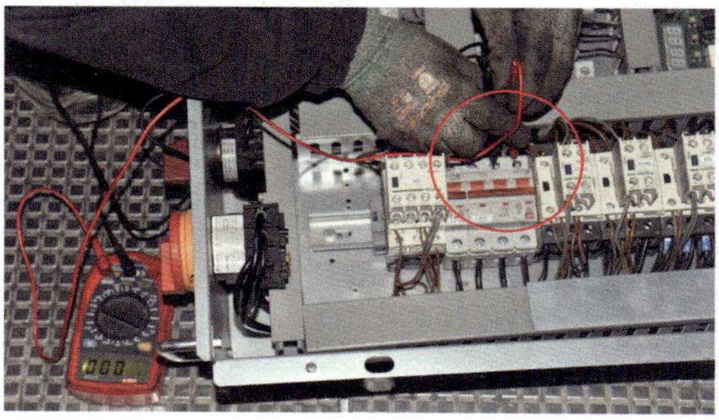

测量各触点，确认通断正常，接触良好

3. 接线检查

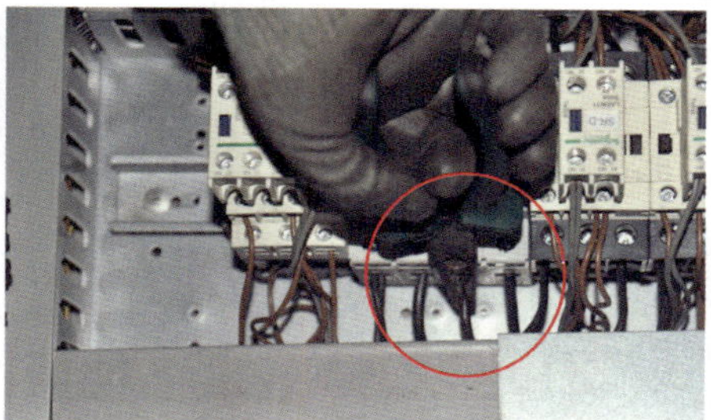
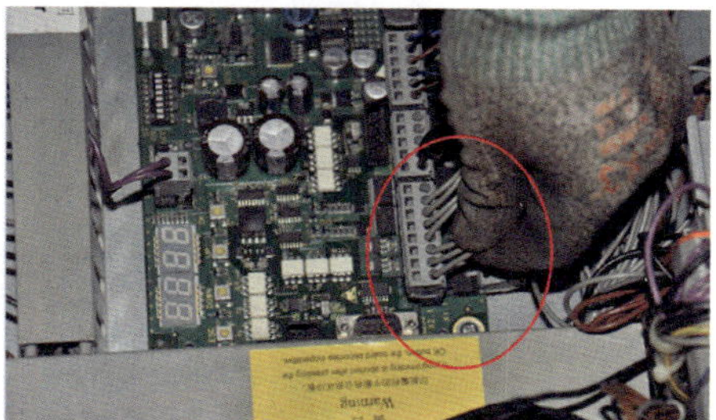

检查接触器、继电器的接线

第十四节　梳齿板安全保护装置

梳齿板是梯级的入口点和出口点。梳齿板装配在导向件内，当有外物卡在梯级中并对梳齿板施加一定的压力时，它可以垂直或水平移动，梳齿板安全保护装置开关触点随即断开安全回路。

	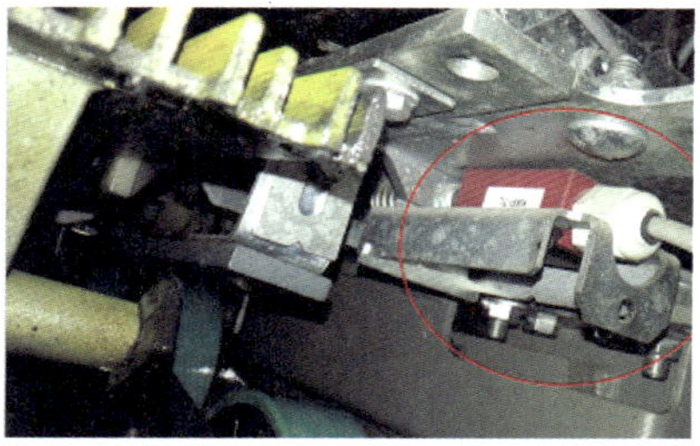
梳齿板左边安全保护装置	梳齿板右边安全保护装置

维护保养流程及标准要求：

1. 外观检查

接线牢固，表面无油污。

2. 开关的测试

将 1 500 N 的水平力施加在梳齿板中心，梳齿板必须能向后移动并触发触点。一旦触发触点，梳齿板必须能较平稳地回到其原始位置。

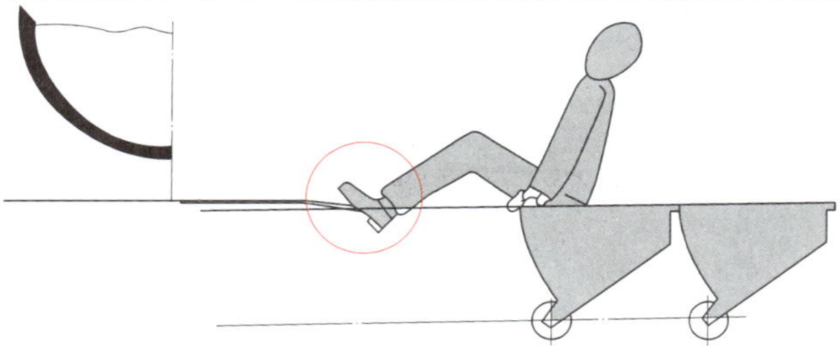

梳齿板安全保护装置的测试

3. 梳齿板安全保护装置的调整

梳齿板安全保护装置中轴承的滚珠紧靠触动杆且无间隙，梳齿板安全保护装置的滚珠必须超出触动杆约 4 mm。

①触动杆的支点　②触动杆
③梳齿板支架　④回转弹簧
⑤触点　⑥锁紧螺母

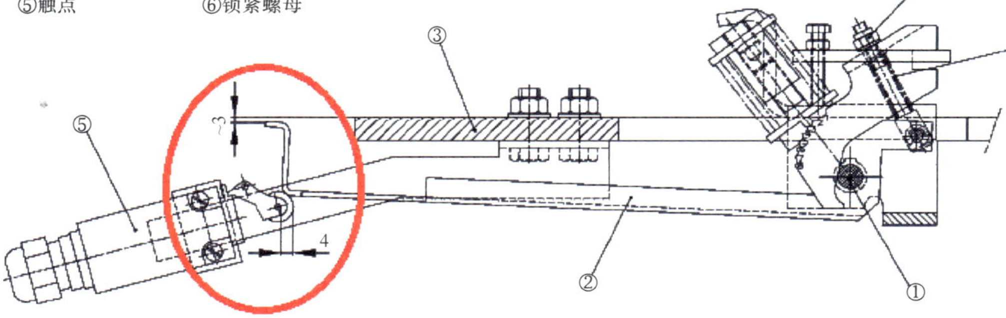

梳齿板安全保护装置结构

梳齿板安全保护装置开关的位置如果调整不到位，将失去安全保护的功能

第十五节 盘 车 装 置

当扶梯出现故障或断电时，通过手动转动主机上的飞轮来移动梯级，称为盘车。

盘车前必须断开主电源开关，注意运转的方向和速度检测开关的相对位置。

常见盘车装置及其标志

维护保养流程及标准要求：

1. 外观检查

盘车前检查飞轮、电机、减速机构、制动器等是否灵活，梯级是否卡阻。

2. 操作方法

操作人员必须在接受过培训的人员或技术人员指导下进行，并且至少有两人配合操作。

（1）打开上部机房盖板，进入机房。

（2）断开主电源开关。

（3）如有必要，打开机房照明开关。

（4）梯级上不能有人，不能有额外载荷；梯路、梳齿板、扶手带等运动部件中如有异物，立即设法排除。

（5）一人用手沿箭头方向按住制动杆的一端松开制动带，另外一人沿盘车方向慢慢转动飞轮，直到梯路运行到合适的位置。

注意：如果梯路速度太快或遇到危险，应立即松手使制动杆复位！

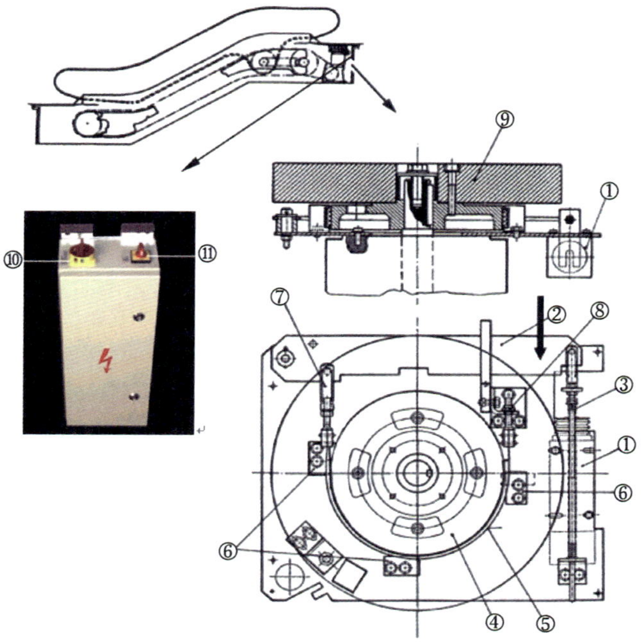

常见盘车装置的结构及其组成

第十六节　制动器及相关装置

在自动扶梯 / 自动人行道运行过程中，制动器是打开的。在紧急制动、安全触点动作以及失（断）电情况下，工作制动器才抱合。

制动器是通过电磁铁拉动装有弹簧的制动杆来松闸的。

制动器工作弹簧

维护保养流程及标准要求：

1. 外观检查

检查制动器机械连接处是否润滑良好，接线是否牢固，各运动部件是否灵活。

2. 电气触点检查

检查制动器触点功能，制动器触点装在电磁铁内部。

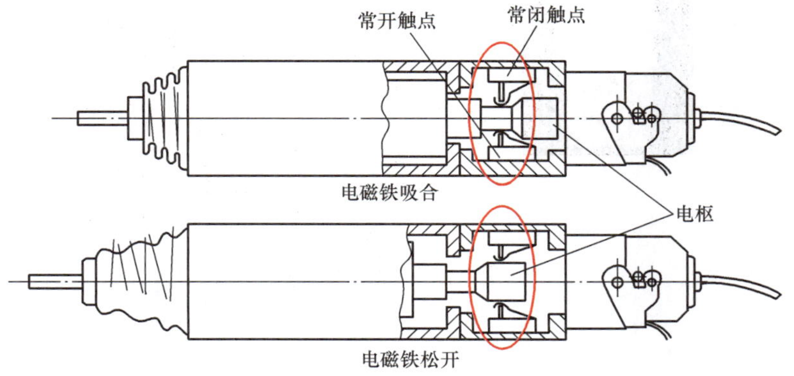

常见的电磁铁

3. 制动衬的磨损检查

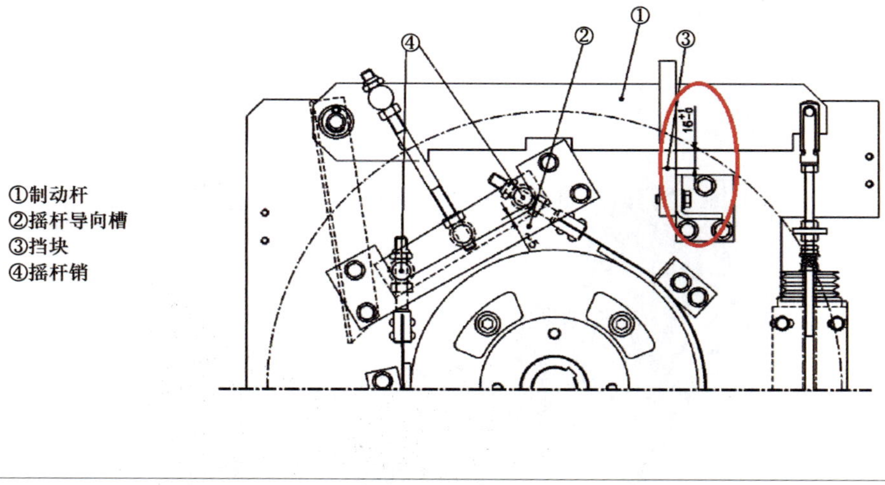

当制动衬磨损后，摇杆销到摇杆导向槽的间距以及制动杆到挡块的间距会增大。
当制动杆和挡块的间距达到最大许可值 20 mm 时，必须重新调整

4. 制动器机械调整

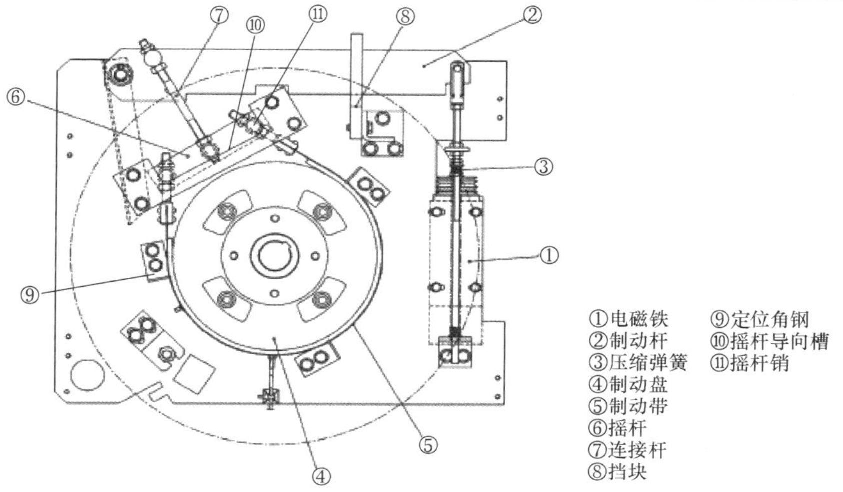

当制动器松开时，制动带必须完全从制动盘上脱离，并靠在三个可调整的侧向定位角钢上。当制动内衬磨损时，制动带和定位角钢之间距离应增加。制动带只在一侧脱离制动盘，而在另一侧仍紧靠制动盘

5. 制动距离检查的方法

将自动扶梯 / 自动人行道开启正常运行后手动停止，在按下停止按钮的同时在梯级与梳齿板之间做一记号，待自动扶梯 / 自动人行道停运后测量梳齿板到梯级之间的制动距离。

第十七节　附加制动器

附加制动器设计为环状盘制动，并装配在双排链轮内，与速度监控和驱动链触点配套安装。在有危险的情况下，棘爪型锁定装置锁住制动盘，防止梯级下行。附加制动器只在下行时起作用。

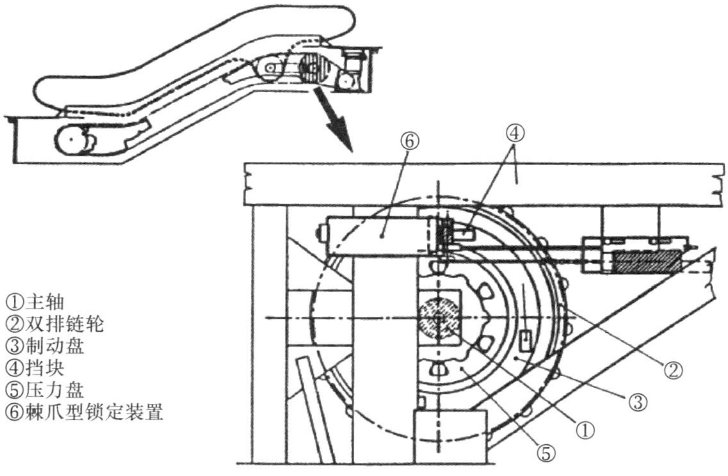

附加制动器结构

维护保养流程及标准要求：

1. 外观检查

同制动器及相关装置。

2. 电器触点检查

同制动器及相关装置。

3. 功能检查

根据厂家提供的模拟超速状态来进行功能检查。测量附加制动器制动距离与工作制动器制动距离偏差在 30% 以上时，必须重新调整。

4. 调整

通过调整碟形弹簧组件的预紧力来调整附加制动器的制动距离。用螺母调整所有 6 个碟形弹簧组件的预紧力，并使每个弹簧组件的预紧力相同。

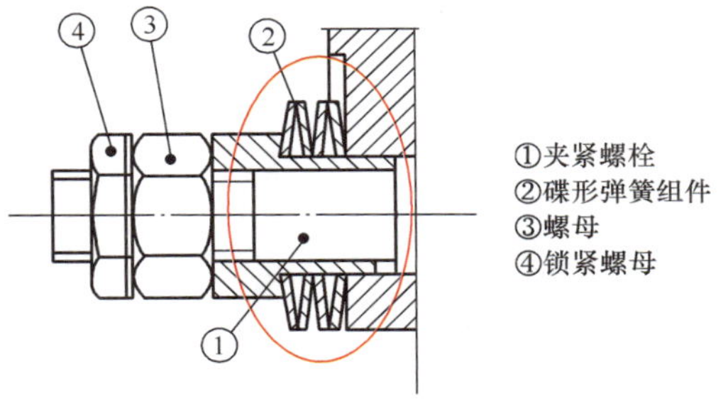

从两侧调整制动器

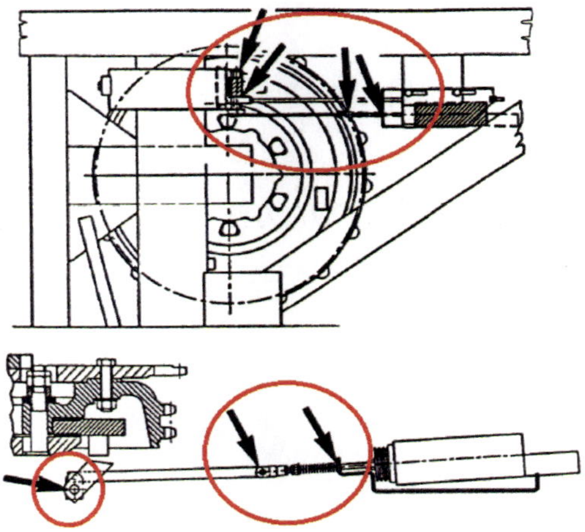

从旁边调整制动器

5. 润滑

润滑连杆支轴和棘爪。

第十八节　润 滑 装 置

润滑装置自动润滑梯级链、驱动链、扶手带驱动链，保证自动扶梯 / 自动人行道各运转部件运转顺畅，减少磨损。

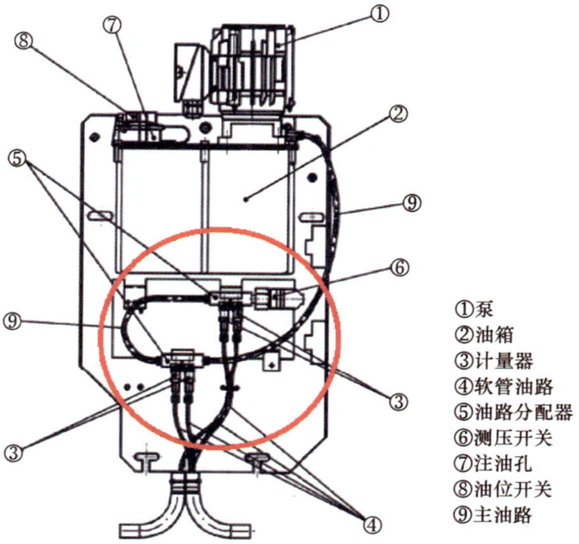

自动润滑装置

常见的油箱滴油润滑装置

维护保养流程及标准要求：

1. 外观检查

维护保养时检查油箱或油杯内的油位，链条的链环应该是“湿”的，查看供油刷是否堵塞。

2. 用油标准

滴油润滑应使用符合制造厂标准的润滑油型号，润滑系统保持畅通，维护保养中注意添加新油。

主机驱动链润滑

梯级链润滑

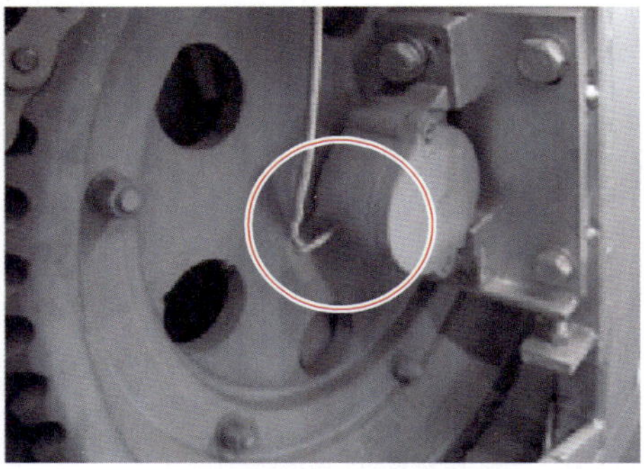

主轴润滑

扶手带驱动链润滑

第十九节　扶手带驱动及张紧装置

扶手带由套有橡胶箍的摩擦轮驱动，摩擦轮与张紧装置配合，使扶手带运转。

链轮式

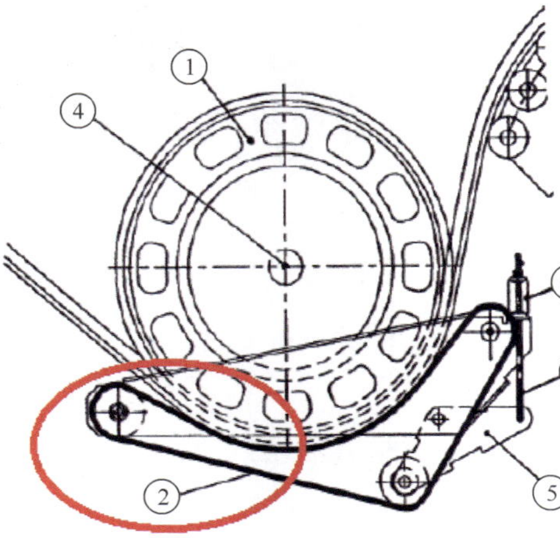

多契带式

①摩擦轮　②多契带　③调整螺杆

④主轴　⑤张紧装置　⑥张紧弹簧

维护保养流程及标准要求：

1. 外观检查

检查扶手带内侧和摩擦轮上的橡胶层磨损情况

检查扶手带驱动链的表面润滑情况、链条的张紧情况

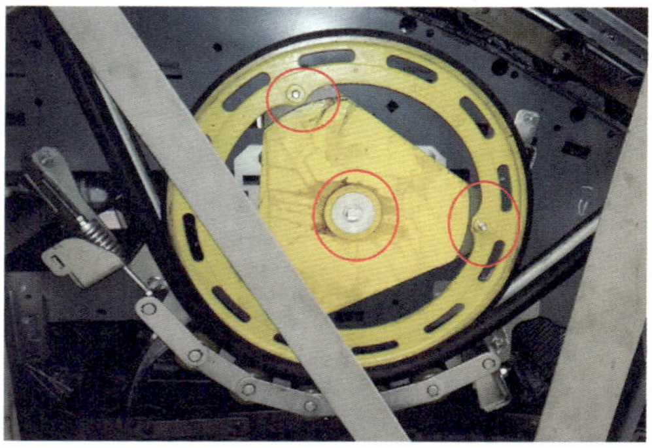

检查摩擦轮与主轴的固定螺栓

2. 扶手带张紧度调整

检查张紧弹簧的压缩尺寸，具体根据不同的制造厂和型号要求进行调整。

连接检修手柄，点动向下运行，人站在驱动站用手拉动扶手带，检查扶手带的摩擦力是否足够。必要时调节张紧弹簧。

扶手带张紧装置

3. 扶手带跑偏检查调整

摩擦轮应在扶手带的中心运行，否则，调整摩擦轮前后的张紧滚轮组件的垂直度。

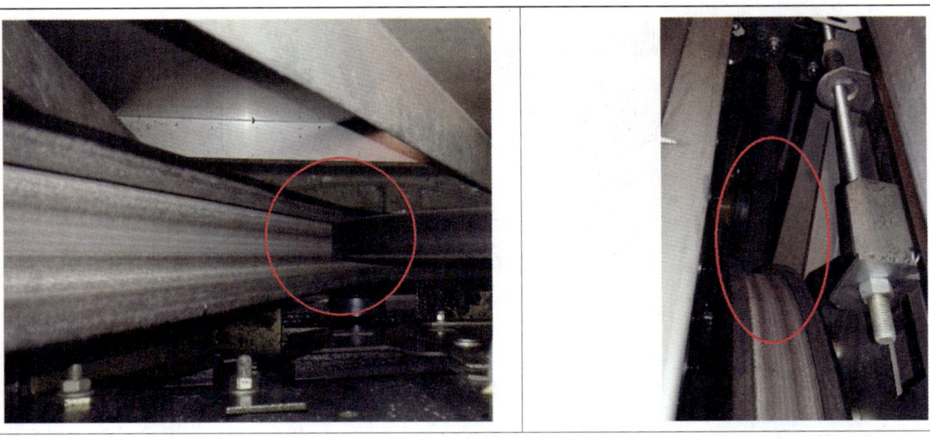

检查摩擦轮是否在扶手带的中心运行

4. 扶手带的挠度调整

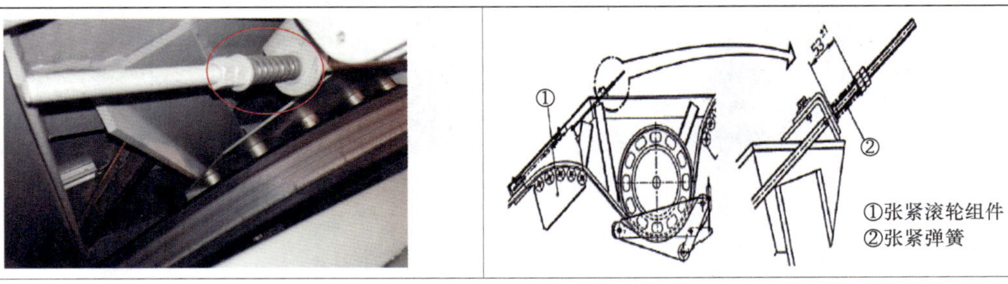

调整摩擦轮上部、下部的张紧组件弹簧，检查扶手带的挠度

5. 扶手带驱动装置调整

当扶手带驱动链增长后，将固定螺栓松开，将轴向机舱的下部进行移动，使扶手带驱动链的张力符合要求

第二十节　扶手轨道及转向装置

扶手轨道是保证扶手带按设定的方向运转的装置，转向装置是当扶手带在到达端部时能平滑地通过，产生的摩擦阻力最小。

维护保养流程及标准要求：

1. 外观检查

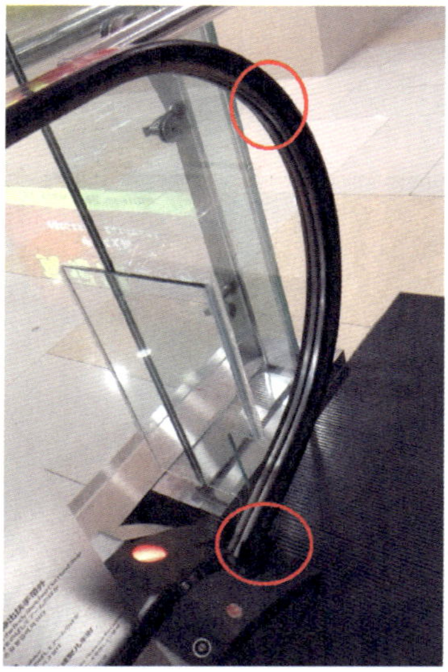

检查端部转向装置是否有磨损及灰尘，运行时是否有噪声

2. 转向装置检查

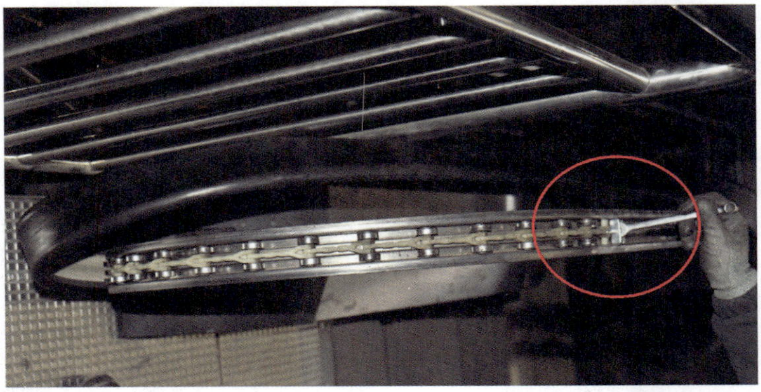

打开端部扶手带，用吸尘器或毛刷清理导轨内的灰尘和磨损物

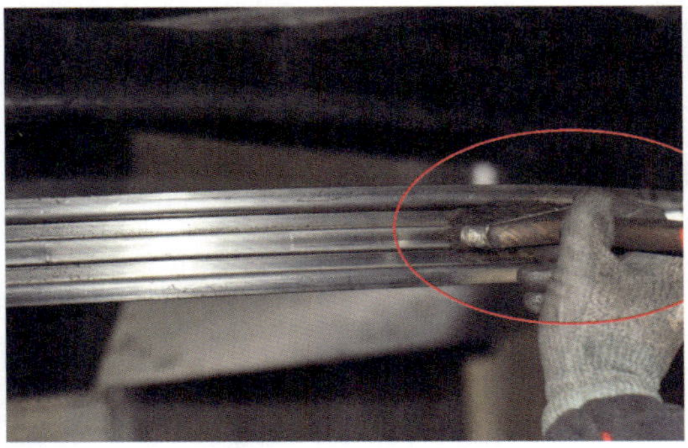

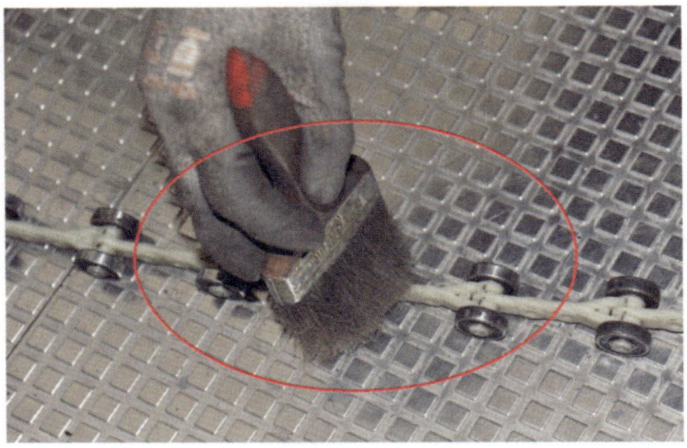

用毛刷清理回转链上的灰尘和磨损物，检查每个滚轮的润滑情况

3. 扶手轨道检查

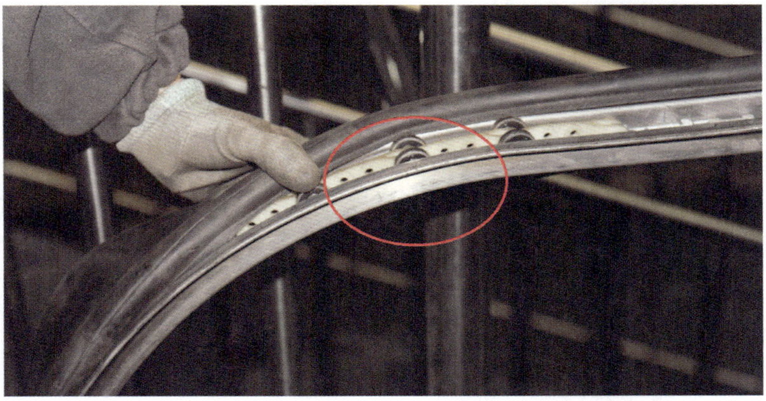

检查导轨型材的磨损情况，特别是驱动站和张紧站上的过渡曲线段

第二十一节　扶手带出入口保护装置

扶手带出入口保护装置防止异物卡入，对乘客的身体起到保护作用。

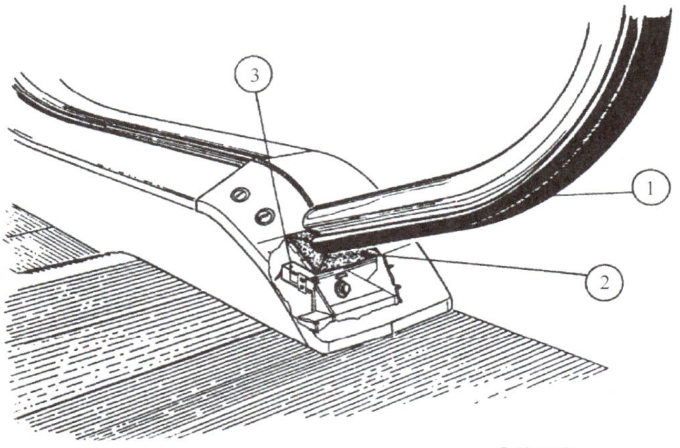

当异物夹在扶手带和橡皮护罩之间时，橡皮护罩向后倾斜，激活触点断开安全回路

常见的扶手带出入口保护装置

维护保养流程及标准要求：

1. 外观检查

扶手带出入口保护装置要动作可靠，接线牢固，位置居中，运行无摩擦。

2. 功能检查

当橡皮护罩被压时，橡皮护罩必须能后倾并触发触点，自动扶梯 / 自动人行道必须停车，否则应进行调整。

3. 触点设定

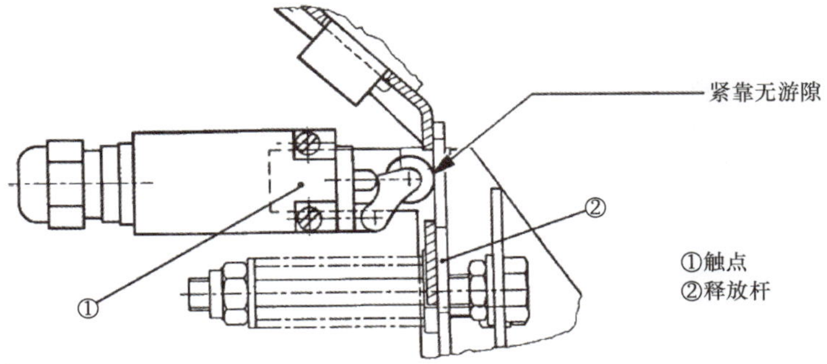

触点必须紧靠释放杆，无游隙

第二十二节　梯级链及驱动装置

梯级链由具有永久性润滑的支撑轮支撑，梯级链上的梯级轮在导轨系统、驱动装置及张紧装置的链轮上平稳运行，使负荷均匀分布，防止导轨系统过早磨损。在反向区两根梯级链由梯级轴连接，保证了梯级链整体运行的稳定性。

梯级链及驱动装置

梯级链是专门为自动扶梯设计的，其链轮运行在衬套上，并装有防油脂的弹性轮箍，几乎无噪声。每隔两个链销有一个专门用于固定梯级轴的专用销。

维护保养流程及标准要求：

检查梯级链表面是否得到润滑，梯级链上的滚轮运转是否可靠，梯级链轴上的销是否完整，两边梯级链的长度是否一致。

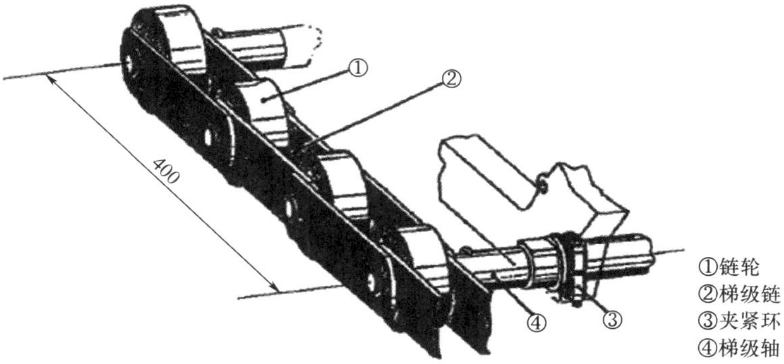

梯级链结构

第二章　运行中段部分维护保养

第一节　桁　　架

自动扶梯 / 自动人行道的桁架从上部机房到下部机房贯穿整个电梯，是整个自动扶梯 / 自动人行道的内在骨架。梯路、曳引链条、扶手系统、围裙、旁盖板等都安装在桁架结构上。桁架分为梯道形和坡道形两种，其中梯道形桁架分为 30° 和 35° 等形式，坡道形桁架分为 10°、11°、12° 等形式。

梯道形	坡道形

桁架保证了整个自动扶梯 / 自动人行道的整梯强度，所以它的稳固性尤其重要。当自动扶梯 / 自动人行道的跨度较大和提升高度较高时，为保证电梯的强度和稳固，桁架往往增加一挡或多挡中间支撑。

维护保养流程及标准要求：

1. 桁架外观检查和要求

观察连接处和焊接处有无松动、脱焊、开裂、锈蚀、定位销缺失等现象，表面油漆是否完好。发现有颗粒状突起或突起处油漆面有裂口的，可能内部生锈，需做防锈处理。主要检查桁架支撑的稳固性，不能倾斜或松动。

桁架

桁架中间支撑

桁架分段连接

2. 桁架连接紧固

使用扭力扳手紧固松动的螺栓，尤其是桁架拼接、导轨连接、支架重要部位的螺栓。

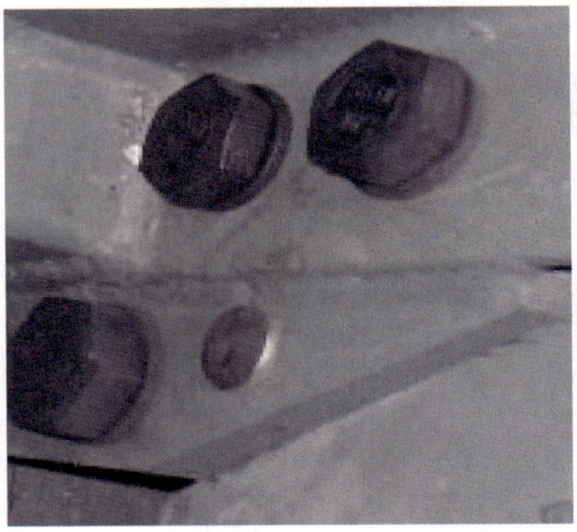	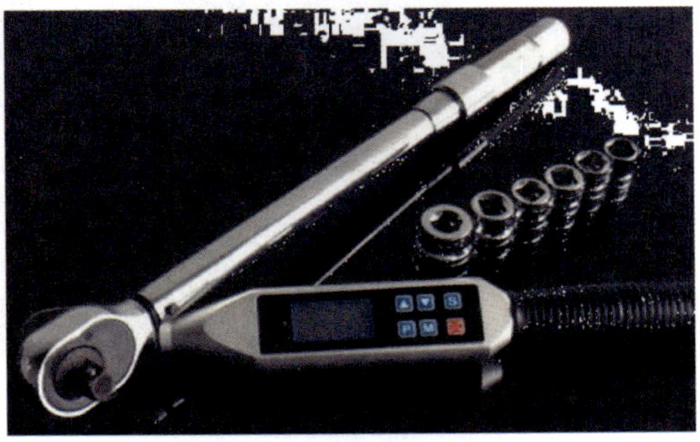
桁架的连接螺栓	扭力扳手

3. 桁架的防腐

桁架油漆或镀锌表面应完好，无严重锈蚀。锈蚀的地方需要进行强度评估，按照修理流程处理。

［案例］桁架焊接点出现锈蚀

4. 桁架的中间支撑

桁架中间支撑不应有倾斜，支撑螺栓应紧固。若支撑出现倾斜，设备应停止使用并查明原因，按修理流程进行修理。

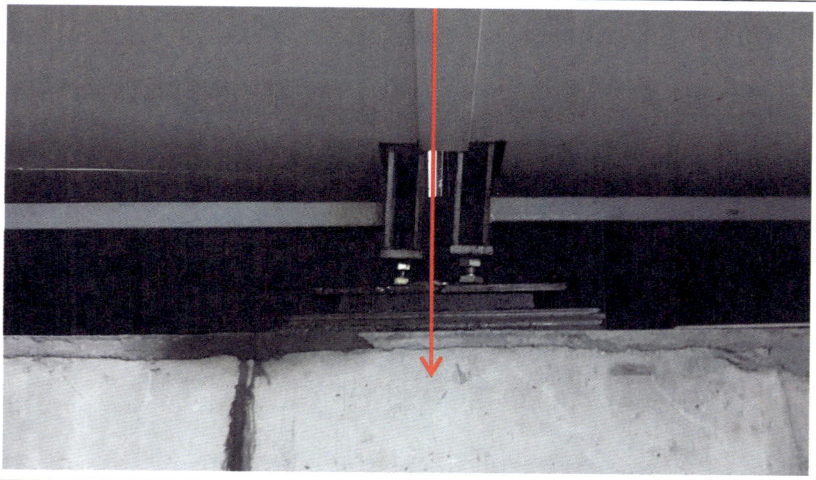

［案例］桁架中间支撑出现倾斜

第二节　梯 级 轨 道

梯级轨道有 L 形、H 形、矩形。自动扶梯有供链条运行的轨道和供梯级轮运行的轨道，自动人行道只有供链轮运行的轨道。轨道由安装在桁架上的多个支架提供支撑。

梯级轨道供自动扶梯梯级轮和梯级链条轮在上面运行，承载着扶梯的载荷和梯级、梯级链的重量。

自动扶梯轨道

自动人行道轨道

轨道运行面要光滑平整、连接紧密、强度高、接头平整、接缝小于 0.5 mm。

第三节　防碰撞挡板

两台扶梯有交叉处或扶梯与建筑结构有相交处时，须设置防止乘客撞头的挡板。

防碰撞挡板

扶梯与扶梯或扶梯与建筑距离小于 400 mm 时，需设置防止撞头的挡板。挡板的人体接触面采用柔性材料或圆弧形状，高度不小于 300 mm。

维护保养流程及标准要求：

检查扶梯与扶梯或扶梯与建筑交叉部分间隙是否低于 400 mm 而没有设置防撞挡板，或挡板松动、标识不全。固定松动的连接部分。

第四节　防 爬 装 置

防爬装置材质有亚克力、PVC 或不锈钢，安装在扶梯外盖板上从地面起 1 000 mm 左右的位置，防止人员攀爬、骑行扶手带而发生坠落事故。

检查防爬装置的设施是否缺失、松动、标识不全，必要时进行紧固。

防爬装置

第五节　阻挡进入和防滑行装置

阻挡进入和防滑行装置通常设置在外盖板上面。

阻挡进入和防滑行装置

维护保养时检查外盖板安装的阻挡进入和防滑行装置设施是否缺失、松动，必要时进行修理。

第六节　防夹装置检查

防夹装置由毛刷或软橡胶组成。

防夹装置

维护保养时检查毛刷端头是否有缺失、脱落、松动，毛刷是否有损坏，螺栓是否突出。必要时紧固松动的刷轨，更换损坏的毛刷，补齐缺失的端头。

第七节　梯级与裙板之间的间隙

梯级与裙板之间的间隙太大会导致乘客的肢体或物品进入扶梯内部造成伤害和事故。间隙过小会导致梯级摩擦裙边。

维护保养时要检查、调整梯级与裙板之间的间隙，确保间隙不大于 4 mm，两边间隙之和不大于 7 mm。

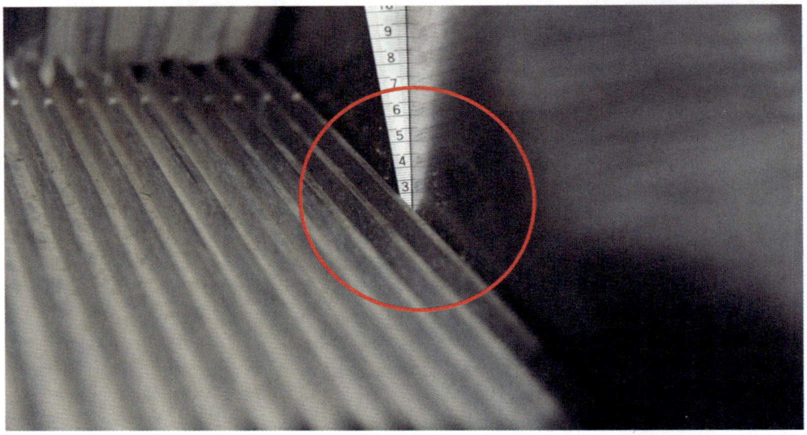

测量梯级与裙板之间的间隙

检查所有位置梯级与裙板间隙是否过大或过小，建议合理尺寸为 1.5~4 mm。必要时进行调整。

第八节　梯级间隙检查

梯级与梯级之间的间隙不应大于 6 mm。

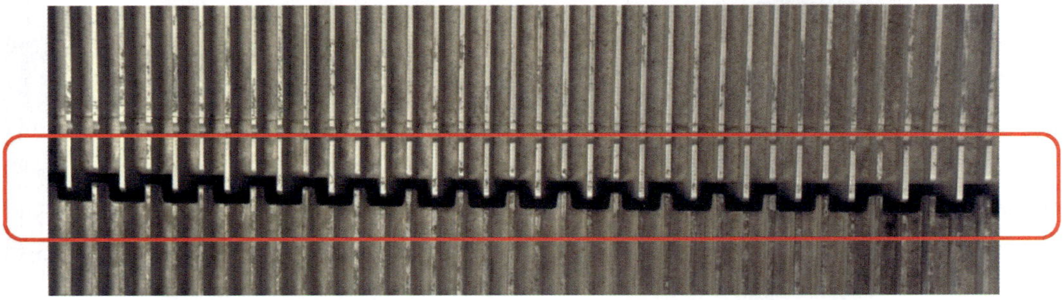

梯级与梯级之间的间隙

维护保养时目测或用塞尺检查梯级与梯级之间的间隙。若间隙过大需要查验梯级链条，启动修理程序更换链条。

第九节 裙板及护壁板

自动扶梯 / 自动人行道裙板及护壁板通常使用不锈钢材料拼接而成，起设备隔离保护和美观的作用。

裙板及护壁板应平整光滑、无松动，凸出高度不应超过 3 mm，板与板之间的空隙不应大于 4 mm，其边缘应呈圆角和倒角状。

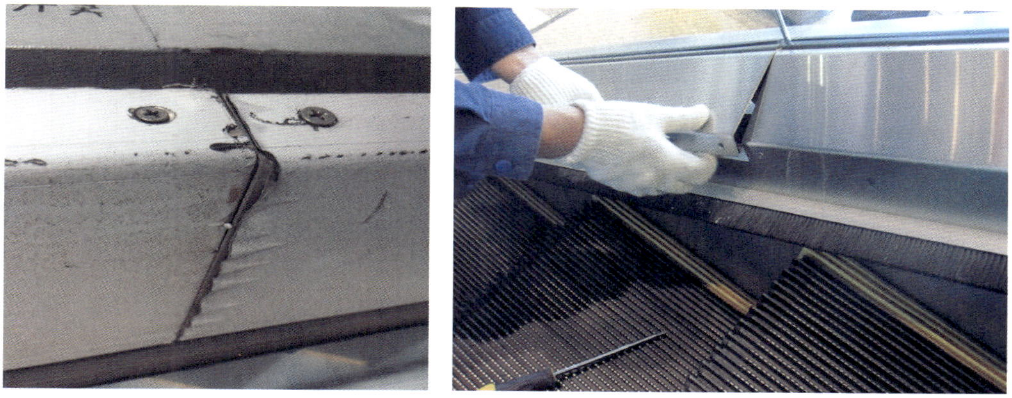

裙板

维护保养时调整、紧固松动的螺栓，保证螺栓紧固，无凸出和毛刺。

第十节 梯级链下陷保护装置

当梯级轮、链轮损坏或梯级开裂下陷时，安装在梯级下部或外侧的保护装置会触发运行开关，使自动扶梯 / 自动人行道停运，防止事故发生。

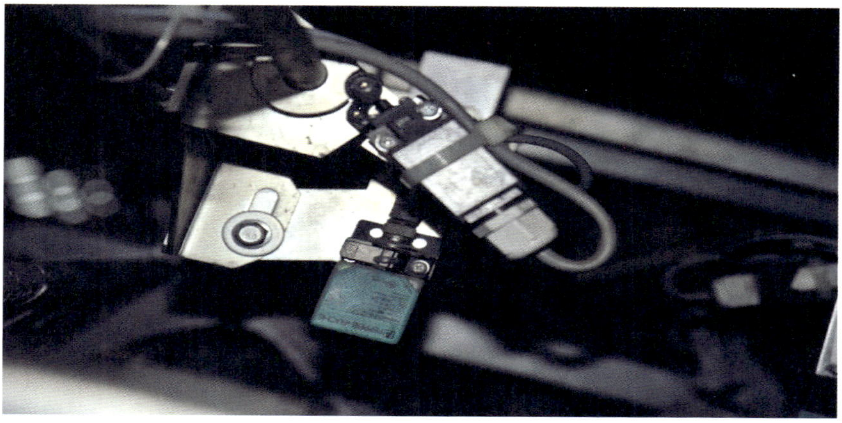

安装在梯级下部的保护装置

安装在梯级外侧的保护装置

维护保养时应试验开关动作后能否断开安全回路。

必要时调整梯级下陷保护装置打杆与梯级轴的间隙，使梯级接触点下端与打杆之间的间隙为 3 ~ 5 mm。打杆动作后开关应能有效动作，并保持断开状态或使系统保持故障状态。

梯级下陷保护装置调整

第十一节　裙板动作保护装置

自动扶梯在上、下转向段位置的裙板内部安装有裙板动作保护装置。当乘客肢体或异物进入裙板与梯级之间的间隙后，外力推动裙板移动触发裙板保护开关动作，切断电梯安全回路。

维护保养时检查、调整裙板动作保护装置，使裙板动作 1 ~ 3 mm 时应该断开安全回路。

裙板动作保护装置

第十二节　扶手带速度检测装置

扶手带的运行速度相对于梯级的速度允许有 0% ~ +2% 的偏差，超过这个范围说明自动扶梯 / 自动人行道发生故障，扶手带速度检测装置或断带检测装置动作，通知控制装置停止自动扶梯 / 自动人行道的运行。

扶手带速度检测装置

维护保养时模拟扶手带断裂，检查能否触发开关断开，自动扶梯 / 自动人行道是否停止运行。

测量扶手带对于梯级速度偏差是否过大时，用记号笔或胶布在扶梯下端的梯级和扶手带平行位置分别做标记，然后向上运行扶梯，到扶手带标记处快进入平行段时停止，梯级上的标记不超过扶手带上的标记位置为合格。

断带检测装置

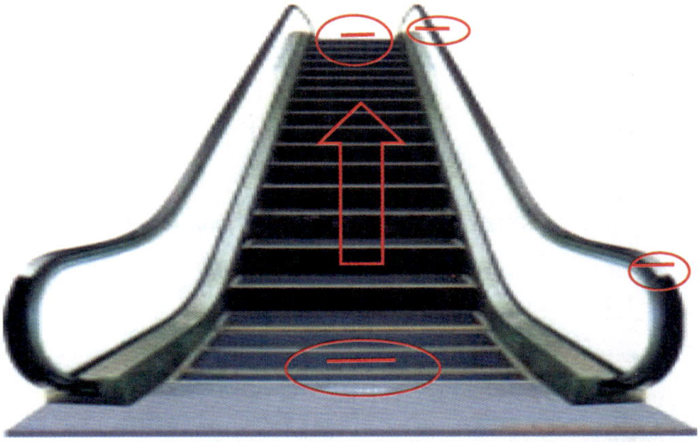

检测扶手带对于梯级速度偏差

扶手带测速传感器与检测点的距离通常为 3 mm。检测扶手带测速传感器时，把传感器与测速点调开超过 6 mm 后运行扶梯，扶梯运行应不超过 30 s 就停止，否则说明测速传感器有故障。

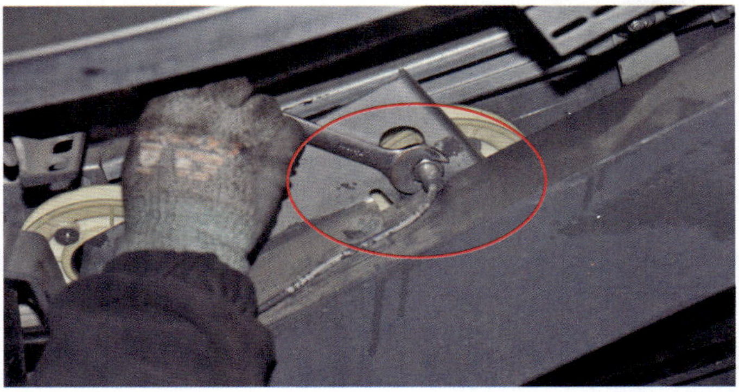

检测扶手带测速传感器

第十三节　梯级缺失检测装置

梯级缺失检测装置有安装在桁架内部接近回转部分的检测梯级接近开关、安装在机仓回转部分的光电开关或者在梯级轮等部位的接近开关。

当检测到有空梯级时，自动扶梯应该停止运行，并需要进行系统复位后才能再次运行。

梯级缺失检测装置与梯阶间隙一般为 3 ～ 6 mm。

梯级缺失检测装置

第十四节　运行中段部分其他装置

1. 检查扶手带托轮

扶手带托轮应转动灵活、无异响、无破损、无倾斜

2. 检查静电释放刷

静电释放刷应基本接触到梯级或踏板的金属结构

3. 梯级轨道检查

检查轨道面磨损、接头平整度、支架是否松动和卫生情况

4. 导轨支架调整紧固

为了防止轨道松动要紧固支架

5. 接头台阶调整

轨道接头台阶超过 0.5 mm 时调整垫片，轨道面出现磨损、接头不平整等情况时可以进行打磨修锉，长度至少 300 mm，可采用叠加砂轮片进行打磨处理

6. 梯级轮间隙调整

调整梯级较高度间隙和侧面间隙，使之符合要求

7. 清洁润滑

清理导轨表面的油垢，需要用铲刀铲除或用抹布裹在工具上对轨道上的油污进行清除，以保持导轨运行面平整。清理完成后，对导轨表面刷少量润滑油。

8. 运行调整

自动扶梯 / 自动人行道运行时感觉有前后顿挫感时，可以检查主驱动链是否太松。如果主驱动链太松，可以调整主机机座顶杆螺杆，移动主机张紧主驱动链

调整扶梯的梯级导向轮和踏板导向块的间隙

第三章　下部机房维护保养

下部机房包括下部机房电气、安全装置、照明及检修装置、下部反转轨道组件、水位检测装置等。

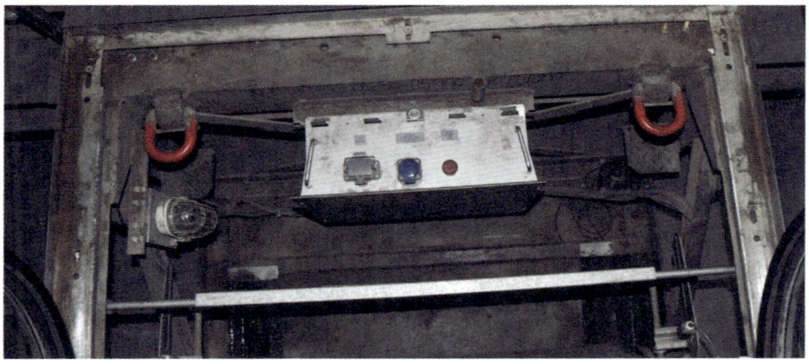

下部机房

下部机房维护保养内容包括盖板安全装置、检修装置、梳齿板保护装置、急停装置、电源插座、梯级照明装置、梯级链断裂或过分伸长安全装置、水位报警装置、下部反转导轨组件等。其中盖板安全装置、检修装置、急停装置、电源插座、梯级照明装置、梳齿板保护装置前面已进行讲述，因此，本章仅对梯级链断裂或过分伸长安全保护装置、水位报警装置、梯级照明、下部反转导轨组件等维护保养要求进行讲解。

第一节　梯级链断裂或过分伸长安全保护装置

梯级链断裂或过分伸长安全保护装置

当梯级链断裂或梯级链拉伸过长时此装置切断控制回路，自动扶梯停止运行。梯级链断裂或过分伸长安全保护装置一般由链轮台车及与台车相连接的弹簧和开关组成。

维护保养流程及标准要求：

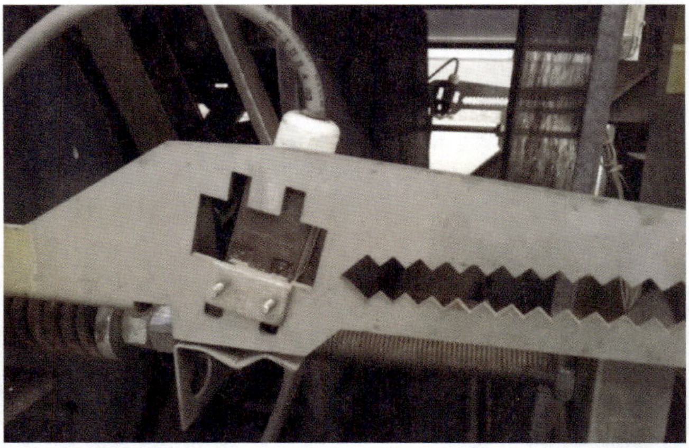

自动扶梯 / 自动人行道处于正常停止状态时手动使安全保护装置动作，自动扶梯 / 自动人行道应不能启动

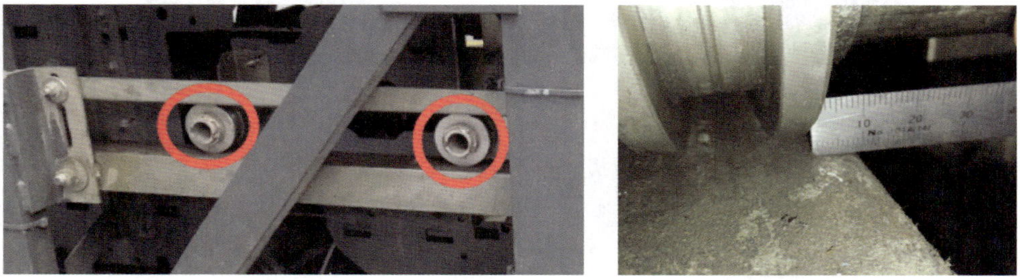

在断电情况下检查下链轮台车滚轮与台车导轨侧面的间隙，并推动下部链轮，确认下部链轮可灵活地前后移动

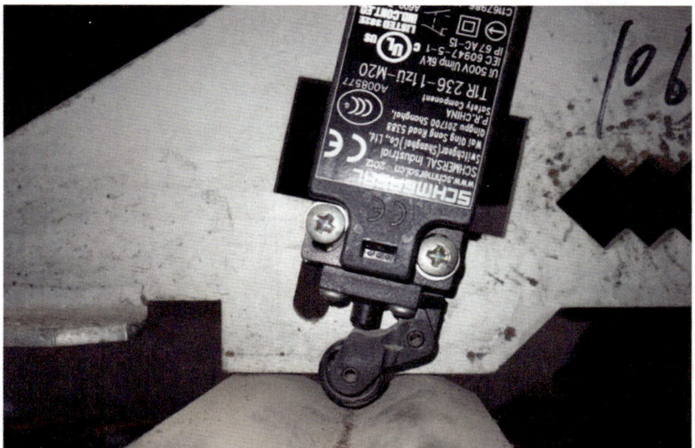

确认安全保护装置开关位置及固定情况，如有歪斜需调整，开关安装位置不当将导致容易误动作

第二节　水位报警装置

当下部水平段桁架进水到水位报警开关位置，水位报警开关动作使自动扶梯停止运行，以免发生事故。水位报警装置一般采用浮球式开关。

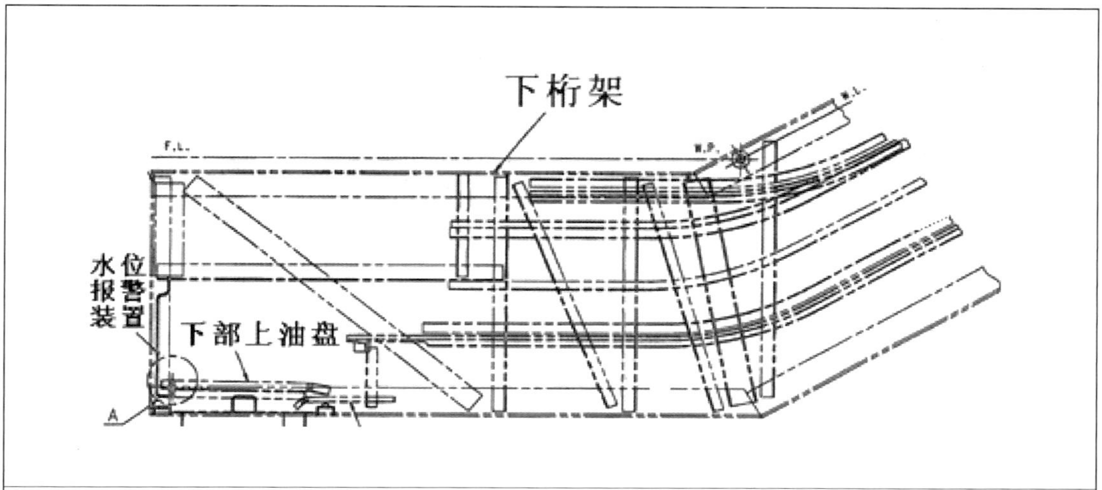

水位报警装置

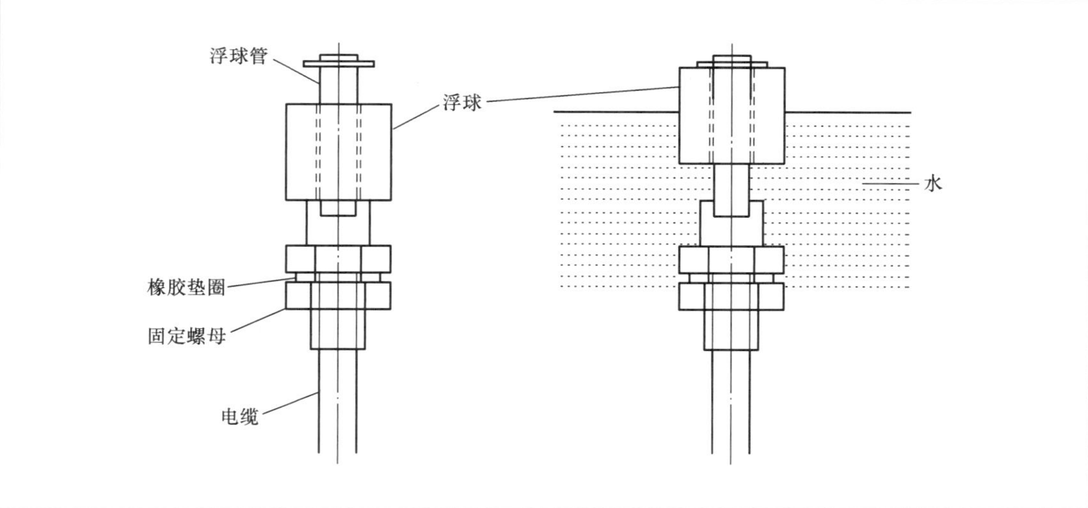

浮球式开关

维护保养流程及标准要求：

在自动扶梯正常运行的情况下，拨动浮球上升，制动器应制动，自动扶梯停止运行。开关应没有锈蚀及破损。上、下拨动浮球，确认浮球可沿浮球管顺畅地动作。

第三节 梯级照明

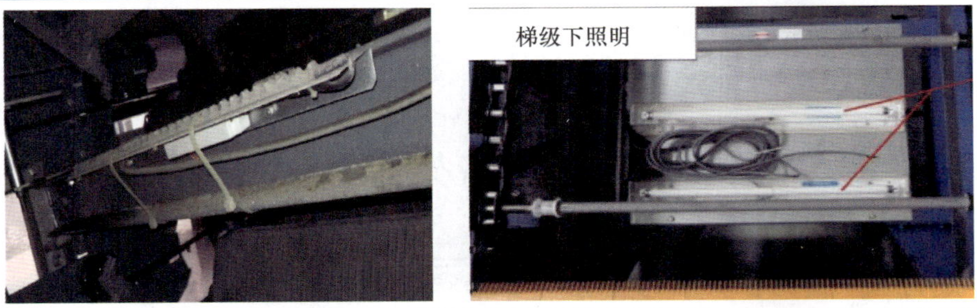

梯级照明

梯级下照明的灯光透过梯级形成一条灯光线。在扶手入口照明不足时，乘客只要注意不踩在灯光线上，就能预防站在两个梯级之间的情况发生。

第四节 下部反转导轨组件

下部反转导轨组件

下部反转导轨组件在自动扶梯下部桁架内梯级转向处安装。如果发生梯级链断裂的情况，该组件防止梯级链从梯路中滑出。

维护保养流程及标准要求：

按梯级链的伸长长度根据制造厂说明书调整下部反转导轨组件。